KB238138

최고효과 기초탄탄 계산법

입학의 완성!

예비 초등

덧셈의 기초

기탄출판

AI 시대에도 변하지 않는 힘,
계산의 정답이 아니라 **생각의 기초**를 기릅니다.

AI 시대에는 계산을 얼마나 빨리 하느냐보다 무엇을 계산해야 하는지, 왜 그렇게 계산하는지를 이해하는 힘이 더 중요합니다. 그 힘은 덧셈과 뺄셈의 기초 개념을 제대로 경험하는 데서 자랍니다.

아이들이 "왜 이렇게 계산해?"라고 묻는 순간, 이미 사고는 시작되고 있습니다. 덧셈과 뺄셈은 숫자를 맞히는 기술이 아니라 같은 것끼리, 같은 단위끼리 생각하는 논리적인 이해에서 출발합니다.

이 작은 이해가 수학적 사고의 기초가 됩니다. 기탄이 오랫동안 지켜온 원칙도 여기에 있습니다. 기초는 단번에 완성되지 않습니다. 이해하고, 반복하고, 익숙해지는 시간이 필요합니다.

✦ 계산력을 기르려면?

❶ 매일 꾸준히　　**❷ 표준완성시간 안에**　　**❸ 정확하게**

이 단순한 원칙을 지켜 온 아이들은 계산을 두려워하지 않습니다. 그리고 그 경험은 초등학교 수학 시간의 자신감으로 이어집니다. 학교 공부를 편안하게 시작하는 힘, 배움을 스스로 해낼 수 있다는 믿음. 그 출발점은 언제나 기초입니다.

〈최고효과 계산법〉 예비 초등 과정은 초등 수학을 만나기 전, 아이의 계산 기초를 차분히 다져 공부의 자신감으로 이어지도록 돕는 출발점입니다.

G 기탄

이 책의 구성과 특징

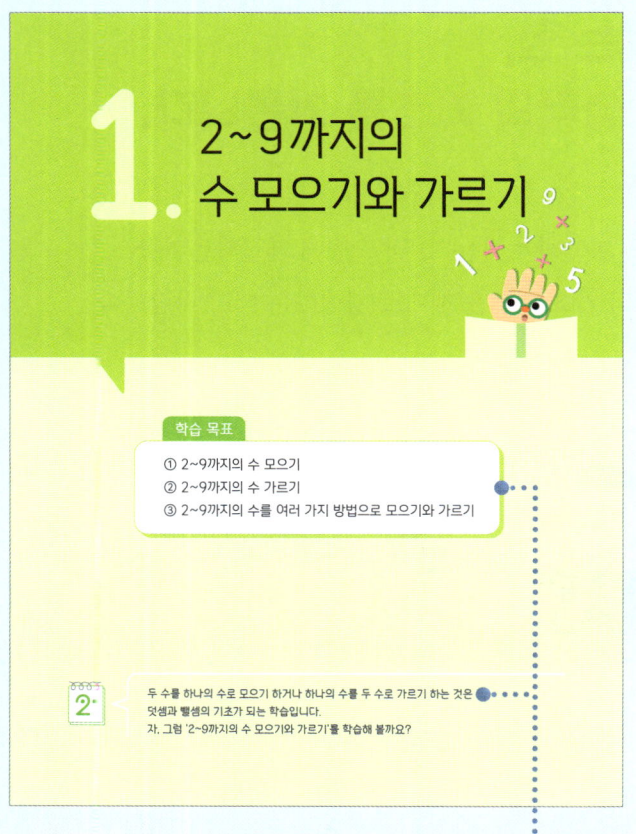

1. 2~9까지의 수 모으기와 가르기 11

학습 목표

명확한 길잡이, 학습 내비게이션 ·············

본격적인 학습을 시작하기 전에 이번 단원에서 배우게 될 학습 목표와 주요 내용을 미리 살펴봅니다. 아이들이 학습의 방향을 이해하고, 차분하게 공부를 시작할 수 있도록 돕는 안내 페이지입니다.

개념 다잡기

교과서 원리 그대로, 개념 다잡기

초등 수학에서 꼭 알아야 할 계산의 핵심 원리를 예비 초등 수준에 맞게 정리했습니다. 교과서의 원리를 바탕으로 '왜 그렇게 계산하는지'를 이해하도록 돕고, 문제 풀이로 이어질 수 있도록 개념을 단단히 다져 줍니다.

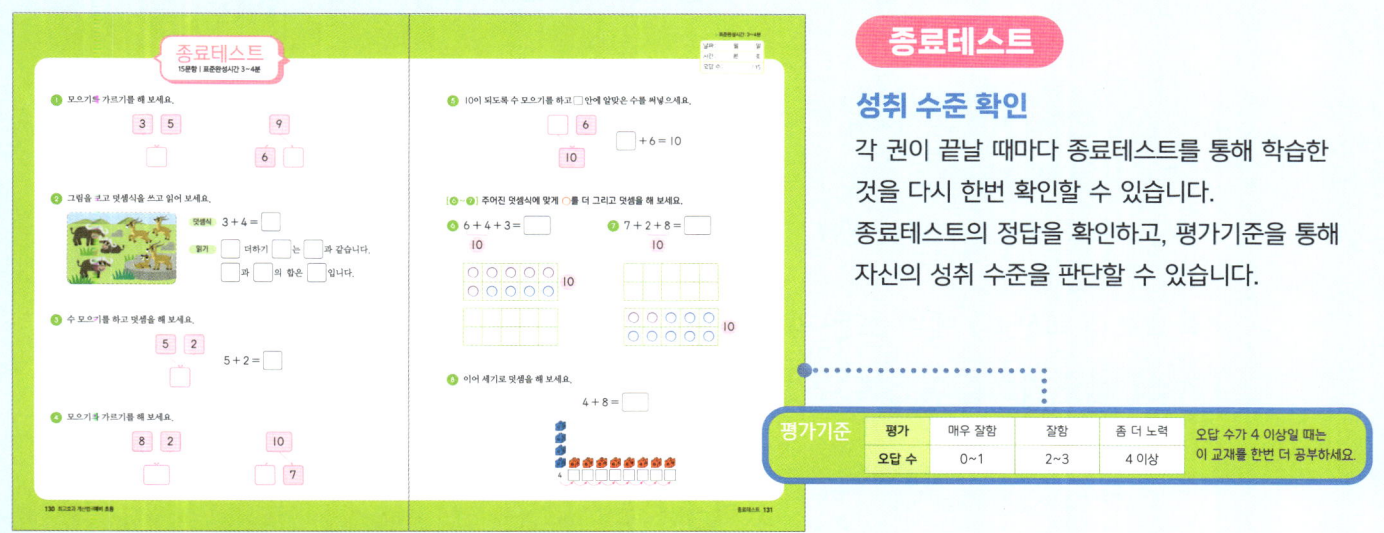

종료테스트

성취 수준 확인

각 권이 끝날 때마다 종료테스트를 통해 학습한 것을 다시 한번 확인할 수 있습니다.
종료테스트의 정답을 확인하고, 평가기준을 통해 자신의 성취 수준을 판단할 수 있습니다.

평가기준	평가	매우 잘함	잘함	좀 더 노력	오답 수가 4 이상일 때는
	오답 수	0~1	2~3	4 이상	이 교재를 한번 더 공부하세요.

학습을 돕는 도움말

매일의 학습을 시작하기 전, 배울 내용의 중요한 부분과 도움이 되는 팁을 한눈에 정리해 제시합니다. 이를 통해 아이는 학습의 흐름을 이해하고, 학부모님은 보다 체계적으로 학습을 이끌 수 있습니다.

나의 학습 결과 확인

그날그날 학습한 날짜와 학습에 걸린 시간, 오답 수를 기록하며 스스로 학습 결과를 확인할 수 있습니다. 학습 과정을 돌아보며 꾸준한 공부 습관을 만들어 줍니다.

두 수를 모으기 하여 2부터 9까지의 수를 만드는 연습을 합니다.
그림을 보고 두 수를 모으기 한 수를 써 봅니다.

▶ 표준완성시간: 3~4분

날짜:	월	일
시간:	분	초
오답 수:		/ 15

1일차 2~9까지의 수 모으기

보기 와 같이, 그림을 보고 모으기를 해 보세요.

보기

2와 1을 모으기 하면 3입니다.

12 최고효과 계산법-예비 초등

지의 수 모으기와 가르기 13

한눈에 이해하는 <보기> 학습

어려운 설명을 길게 읽기보다, 핵심을 한눈에 보여 주는 <보기>를 통해 계산의 방향을 먼저 잡아 줍니다.
아이는 학습에 대한 부담을 덜고, 이해한 내용을 바로 문제 풀이로 연결하며 안정적으로 학습을 이어갈 수 있습니다.

최고효과 계산법 전체 학습 내용

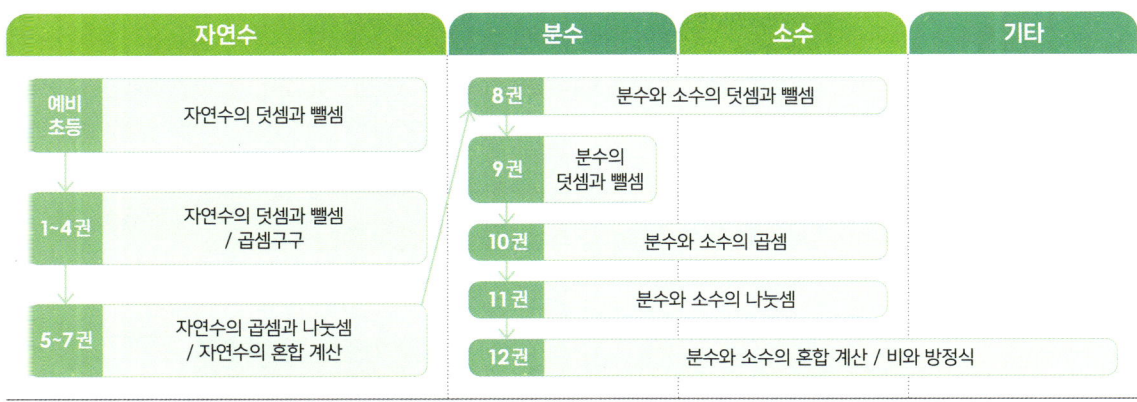

자연수		분수	소수	기타
예비 초등	자연수의 덧셈과 뺄셈	8권 분수와 소수의 덧셈과 뺄셈		
1~4권	자연수의 덧셈과 뺄셈 / 곱셈구구	9권 분수의 덧셈과 뺄셈		
		10권 분수와 소수의 곱셈		
5~7권	자연수의 곱셈과 나눗셈 / 자연수의 혼합 계산	11권 분수와 소수의 나눗셈		
		12권 분수와 소수의 혼합 계산 / 비와 방정식		

최고효과 계산법 권별 학습 내용

예비 초등

덧셈의 기초	뺄셈의 기초
1 2~9까지의 수 모으기와 가르기	1 9까지의 뺄셈 알아보기
2 9까지의 덧셈 알아보기	2 9까지의 뺄셈
3 9까지의 덧셈	3 0이 있는 덧셈과 뺄셈
4 10 모으기와 가르기	4 세 수의 덧셈과 뺄셈
5 합이 10인 덧셈	5 10에서 빼는 뺄셈
6 10을 만들어 더해 보기	6 차가 10인 (십몇)−(몇)의 계산
7 받아올림이 있는 (몇)+(몇) 알아보기	7 받아내림이 있는 (십몇)−(몇) 알아보기
8 받아올림이 있는 (몇)+(몇)의 계산	8 받아내림이 있는 (십몇)−(몇)의 계산
9 여러 가지 덧셈	9 여러 가지 뺄셈
10 받아올림이 없는 두 자리 수의 덧셈	10 받아내림이 없는 두 자리 수의 뺄셈

권장 학년 초1

1권 자연수의 덧셈과 뺄셈 ①	2권 자연수의 덧셈과 뺄셈 ②	문장제편 ❶
001단계 9까지의 수 모으기와 가르기	011단계 세 수의 덧셈, 뺄셈	
002단계 합이 9까지인 덧셈	012단계 받아올림이 있는 (몇)+(몇)	
003단계 차가 9까지인 뺄셈	013단계 받아내림이 있는 (십몇)−(몇)	
004단계 덧셈과 뺄셈의 관계 ①	014단계 받아올림·받아내림이 있는 덧셈, 뺄셈 종합	
005단계 세 수의 덧셈과 뺄셈 ①	015단계 (두 자리 수)+(한 자리 수)	001단계~020단계 문장제편
006단계 (몇십)+(몇)	016단계 (몇십)−(몇)	
007단계 (몇십몇)±(몇)	017단계 (두 자리 수)−(한 자리 수)	
008단계 (몇십)±(몇십), (몇십몇)±(몇십몇)	018단계 (두 자리 수)±(한 자리 수) ①	
009단계 10의 모으기와 가르기	019단계 (두 자리 수)±(한 자리 수) ②	
010단계 10의 덧셈과 뺄셈	020단계 세 수의 덧셈과 뺄셈 ②	

권장 학년 초2

3권 자연수의 덧셈과 뺄셈 ③ / 곱셈구구	4권 자연수의 덧셈과 뺄셈 ④	문장제편 ❷
021단계 (두 자리 수)+(두 자리 수) ①	031단계 (세 자리 수)+(세 자리 수) ①	
022단계 (두 자리 수)+(두 자리 수) ②	032단계 (세 자리 수)+(세 자리 수) ②	
023단계 (두 자리 수)−(두 자리 수)	033단계 (세 자리 수)−(세 자리 수) ①	
024단계 (두 자리 수)±(두 자리 수)	034단계 (세 자리 수)−(세 자리 수) ②	
025단계 덧셈과 뺄셈의 관계 ②	035단계 (세 자리 수)±(세 자리 수)	021단계~040단계 문장제편
026단계 같은 수를 여러 번 더하기	036단계 세 자리 수의 덧셈, 뺄셈 종합	
027단계 2, 5, 3, 4의 단 곱셈구구	037단계 세 수의 덧셈과 뺄셈 ③	
028단계 6, 7, 8, 9의 단 곱셈구구	038단계 (네 자리 수)+(세 자리 수·네 자리 수)	
029단계 곱셈구구 종합 ①	039단계 (네 자리 수)−(세 자리 수·네 자리 수)	
030단계 곱셈구구 종합 ②	040단계 네 자리 수의 덧셈, 뺄셈 종합	

최고효과 [기초탄탄] 계산법 _ 예비 초등

이렇게 활용하세요

최고효과 [기초탄탄] 계산법_예비 초등은

계산이 처음인 아이도 순서대로 따라가기만 하면

연산의 기초를 자연스럽게 완성할 수 있도록 설계된 교재입니다.

① 연산 부담을 낮추는 단계형 설계

수학 익힘책의 핵심 유형을 **가장 쉬운 단계부터 차근차근 배열**하여, 아이가 연산에서 좌절하지 않고 다음 단계로 자연스럽게 이어질 수 있도록 구성했습니다. 모으기와 가르기 같은 기초 개념부터 받아올림 없는 두 자리 수 계산까지, **연산의 흐름을 끊김 없이** 연결해 줍니다.

② 매일 실천 가능한 3~4분 학습 구조

아이의 집중력을 고려해 **하루 3~4분 분량**으로 부담 없이 시작할 수 있도록 구성했습니다. 총 50차시의 체계적인 학습 흐름을 통해, 짧은 시간이라도 반복하며 **연산의 뼈대·속도·정확성을** 함께 키울 수 있습니다.

③ 아이 수준에 맞춘 선택형 활용 가능

덧셈과 뺄셈을 **순서대로 학습**하거나, 필요한 영역만 **선택 학습**할 수 있어 학습 상황에 따라 유연하게 활용할 수 있습니다. 예비 초등부터 초등 1학년까지, 아이의 현재 실력에 맞춘 **맞춤형 연산 훈련**이 가능합니다.

차례

최고효과 기초탄탄 계산법
예비 초등_덧셈의 기초

1. 2~9까지의 수 모으기와 가르기

학습 목표

① 2~9까지의 수 모으기
② 2~9까지의 수 가르기
③ 2~9까지의 수를 여러 가지 방법으로 모으기와 가르기

두 수를 하나의 수로 모으기 하거나 하나의 수를 두 수로 가르기 하는 것은
덧셈과 뺄셈의 기초가 되는 학습입니다.
자, 그럼 '2~9까지의 수 모으기와 가르기'를 학습해 볼까요?

개념 다잡기

● 모으기

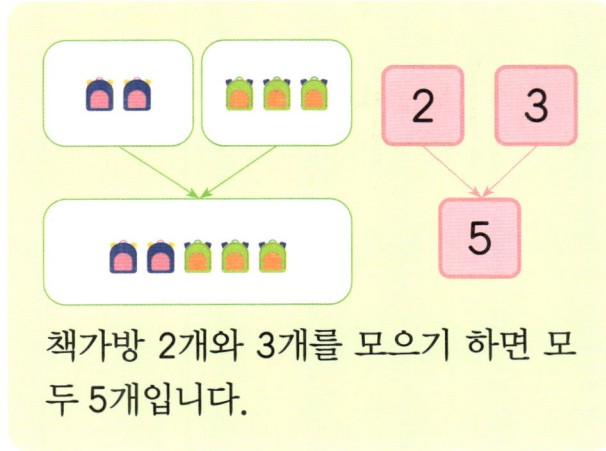

책가방 2개와 3개를 모으기 하면 모두 5개입니다.

▶ 모으기 하여 5 만들기

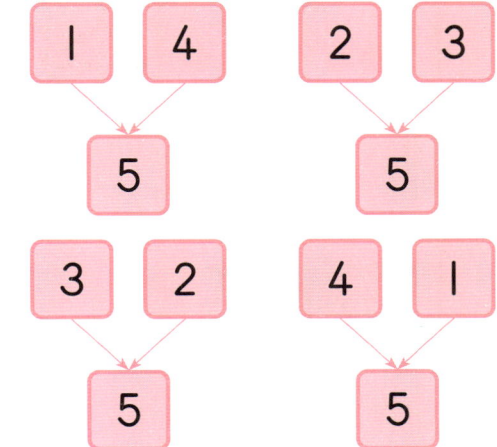

● 가르기

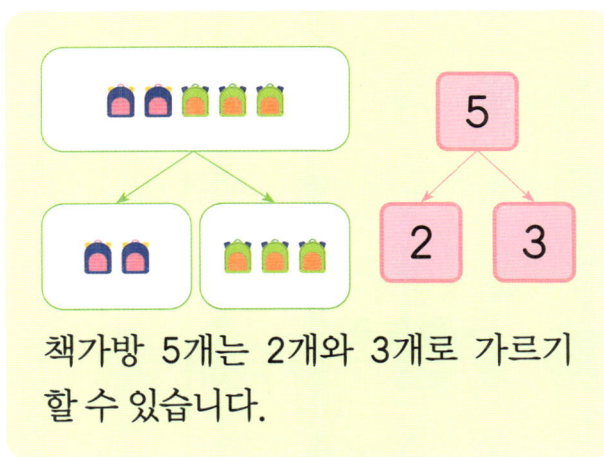

책가방 5개는 2개와 3개로 가르기 할 수 있습니다.

▶ 5를 두 수로 가르기

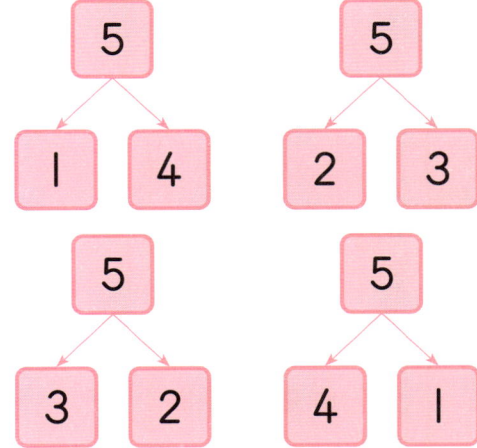

● 모으기와 가르기

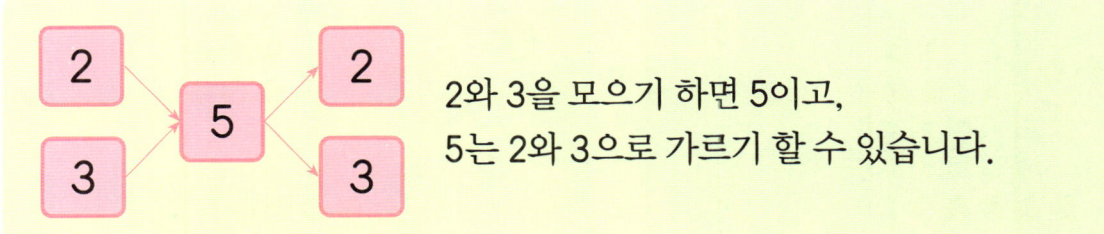

2와 3을 모으기 하면 5이고,
5는 2와 3으로 가르기 할 수 있습니다.

보기 와 같이, 그림을 보고 모으기를 해 보세요.

보기

2와 1을 모으기 하면 **3**입니다.

날짜 :　　　　월　　　일
시간 :　　　　분　　　초
오답 수 :　　　　　　/ 15

🔍 두 수를 모으기 하여 2부터 9까지의 수를 만드는 연습을 합니다.
　　그림을 보고 두 수를 모으기 한 수를 써 봅니다.

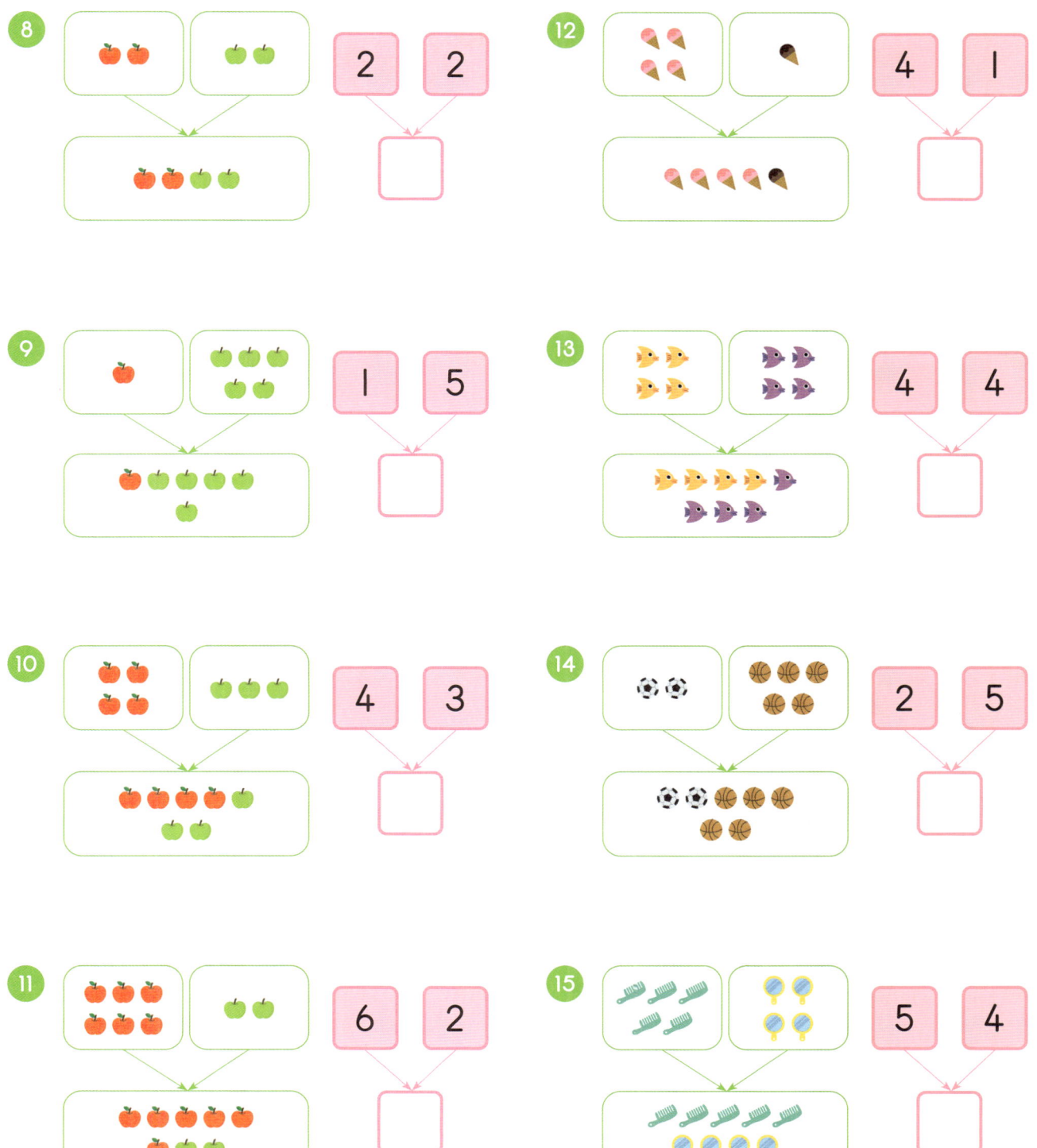

2~9까지의 수 가르기

📍 **보기** 와 같이, 그림을 보고 가르기를 해 보세요.

보기

3은 2와 l로 가르기 할 수 있습니다.

🔍 2부터 9까지의 수를 두 수로 가르기 하는 연습을 합니다.
그림을 보고 수를 두 수로 가르기 한 수 중 나머지 한 수를 써 봅니다.

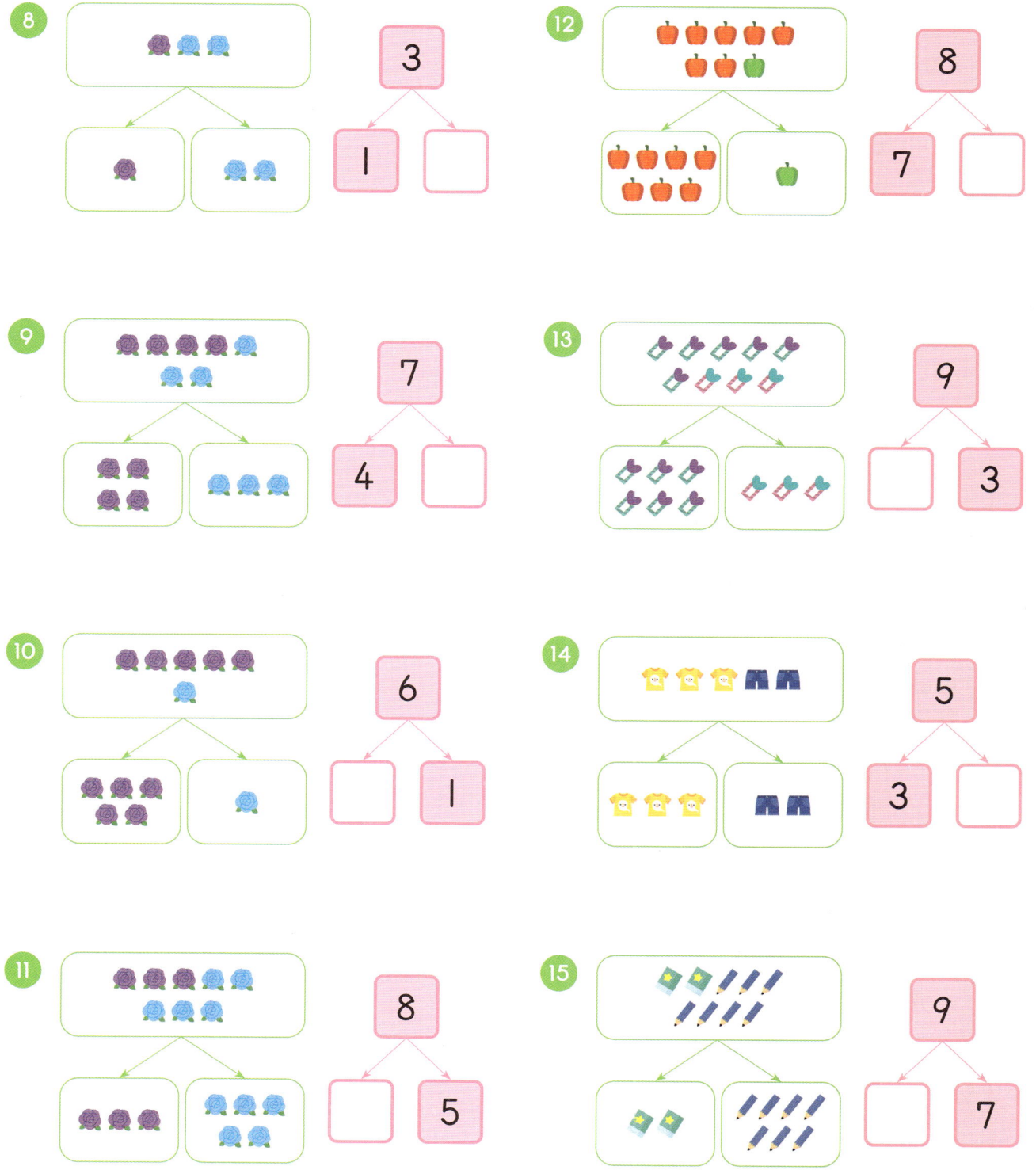

보기 와 같이, 빈칸에 알맞은 수만큼 ◯를 그리고 알맞은 수를 써넣으세요.

● 4개와 2개를 모으기 하면 6개이므로,
◯를 6개 그리고 6이라고 씁니다.

🔍 반구체물을 통해 수 모으기와 가르기의 원리를 한번 더 익힙니다.
각 반구체물에 알맞게 ○를 그린 후 그 수를 세어 써 봅니다.

보기 와 같이, 빈칸에 알맞은 수만큼 ○를 그리고 알맞은 수를 써넣으세요.

● 4개는 3개와 1개로 가르기 할 수 있으므로, ○를 1개 그리고 1이라고 씁니다.

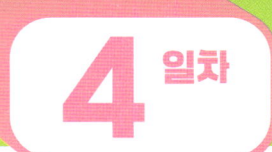
2~9까지의 수 모으기와 가르기 ②

📍 보기 와 같이, 모으기를 해 보세요.

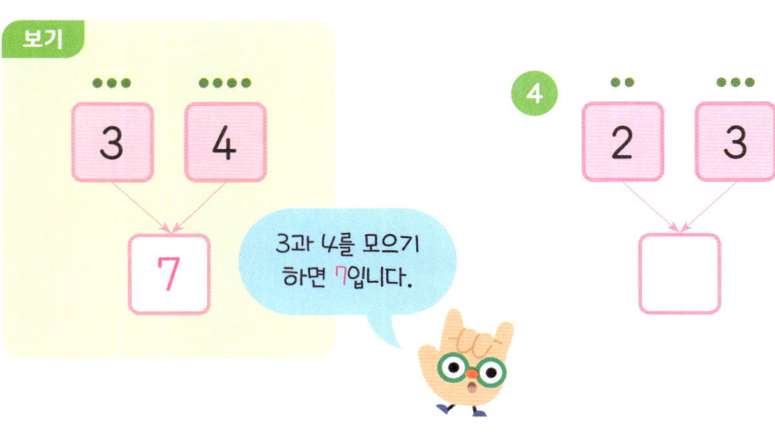

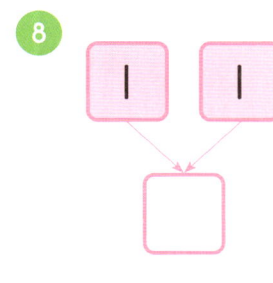

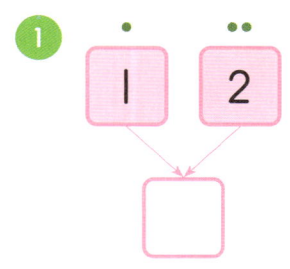

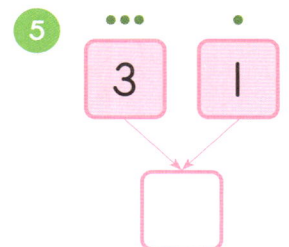

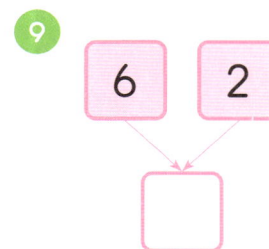

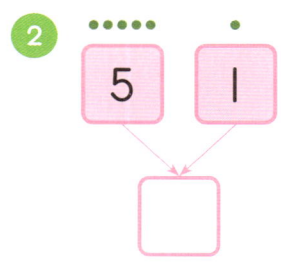

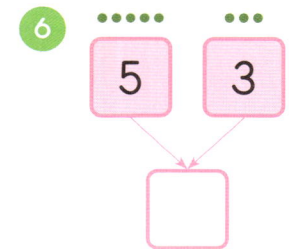

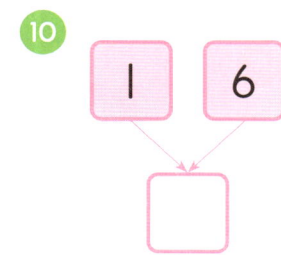

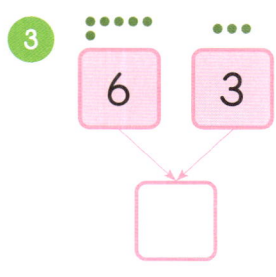

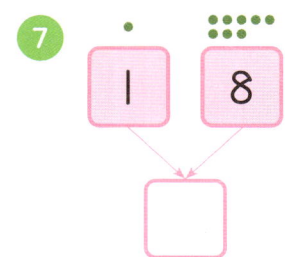

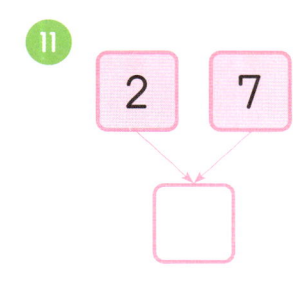

🔍 3과 4를 모으기 하여 7이 되고, 7을 다시 3과 4로 가르기 할 수 있듯이
모으기와 가르기는 서로 연결되어 있습니다.

✏️ 보기 와 같이, 가르기를 해 보세요.

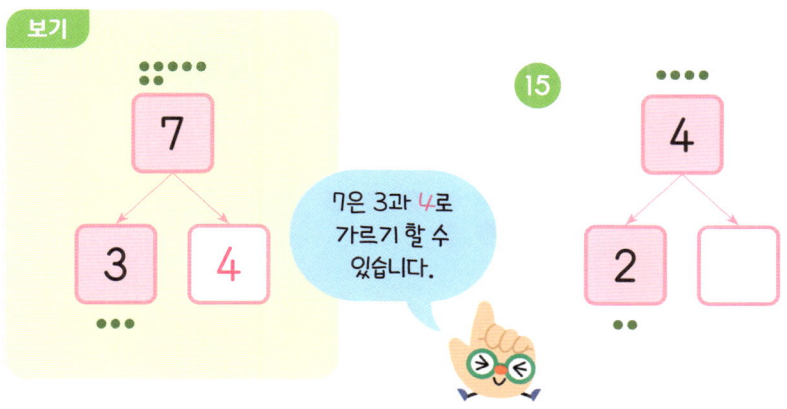

7은 3과 4로
가르기 할 수
있습니다.

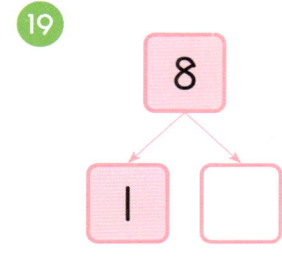

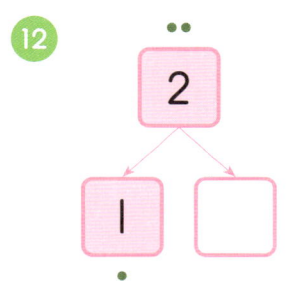

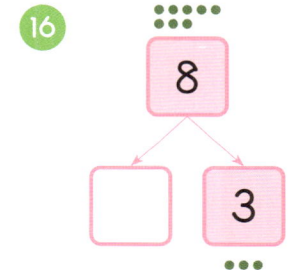

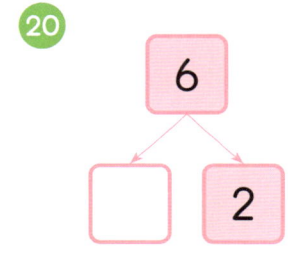

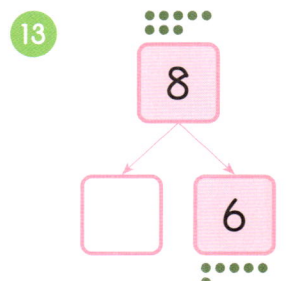

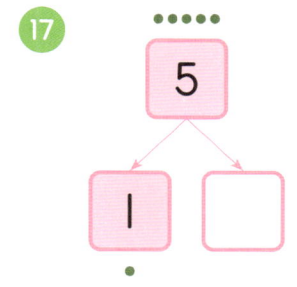

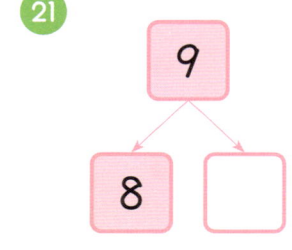

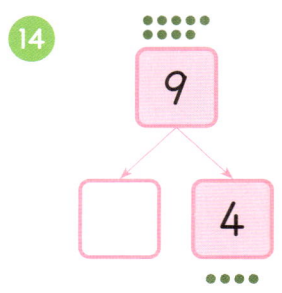

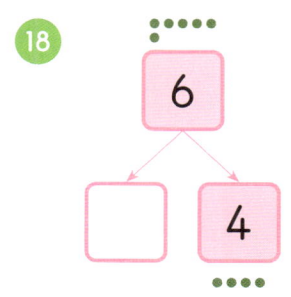

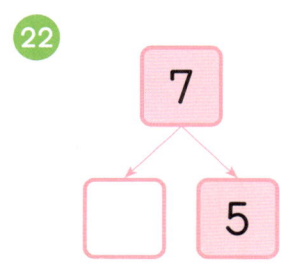

🖍 보기 와 같이, 모으기를 해 보세요.

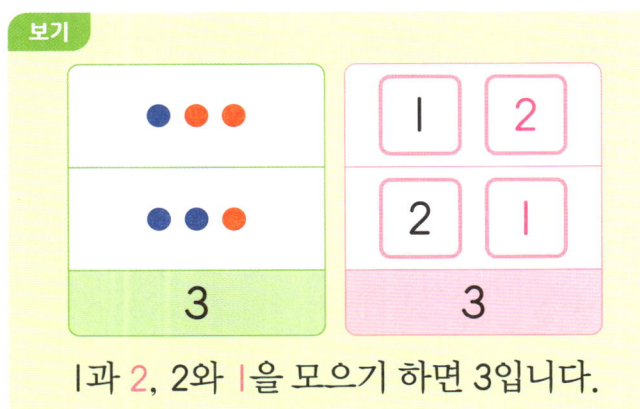

1과 2, 2와 1을 모으기 하면 3입니다.

①

②

③

④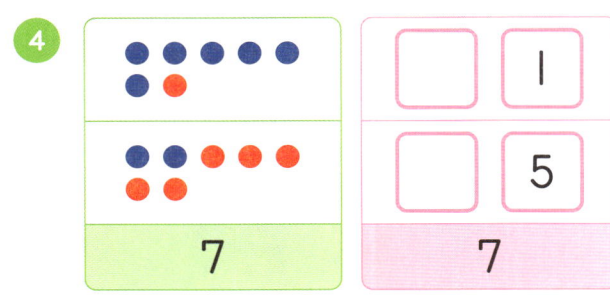

⑤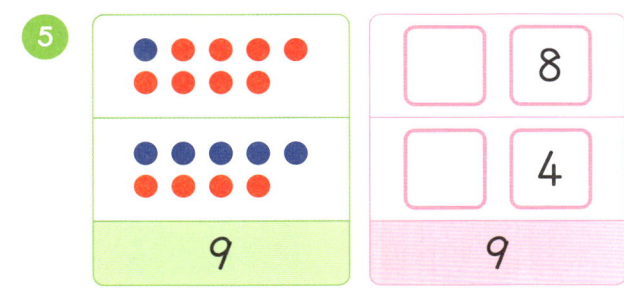

⑥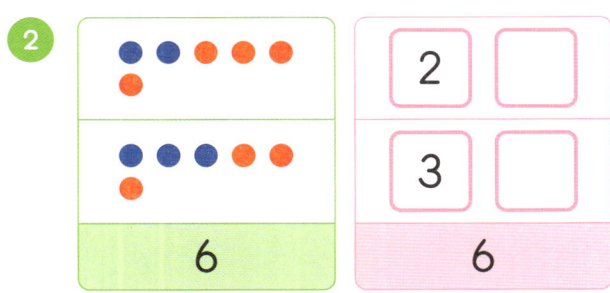

⑦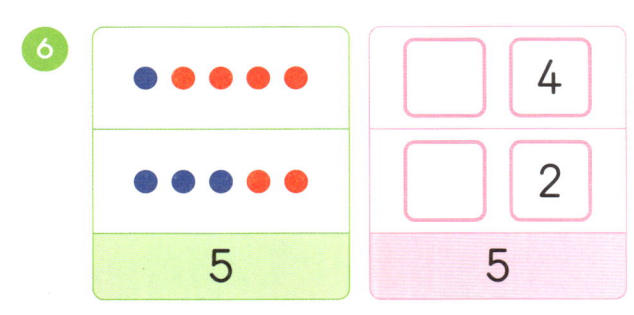

🔍 두 수를 한 수로 모으기 하거나 한 수를 두 수로 가르기 하는 방법은 여러 가지가 있습니다.

✏️ 보기 와 같이, 가르기를 해 보세요.

보기

4는 3과 1, 2와 2로 가르기 할 수 있습니다.

11

8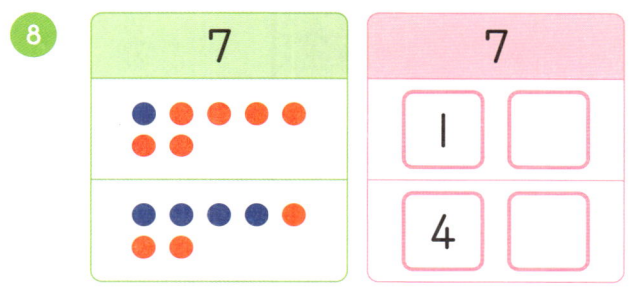

12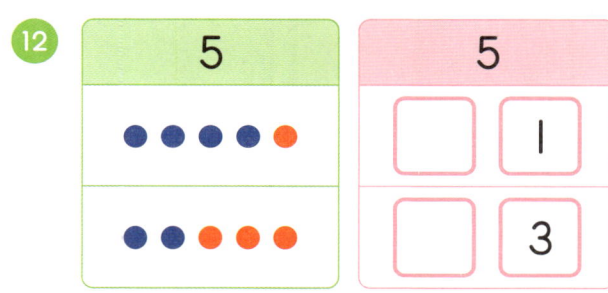

9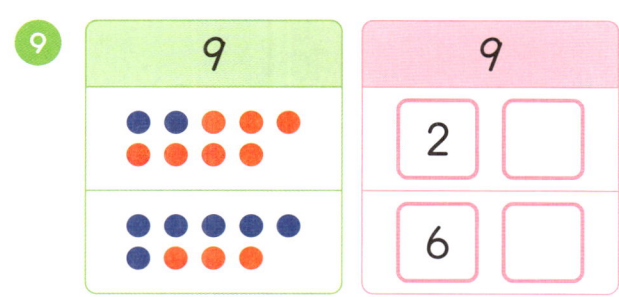

13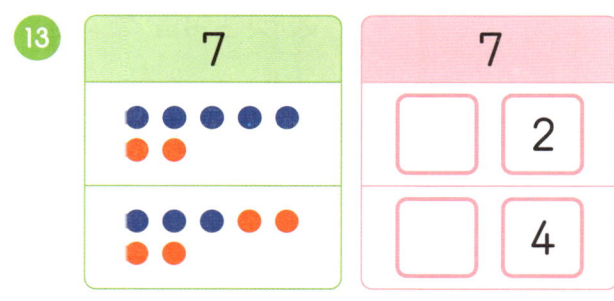

10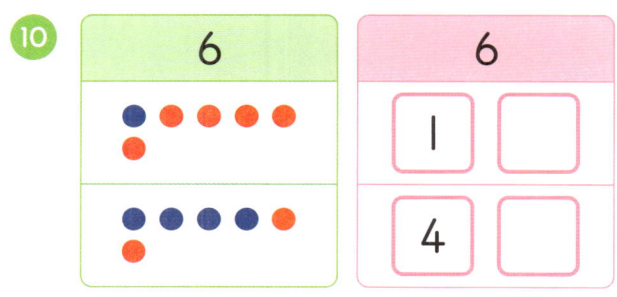

14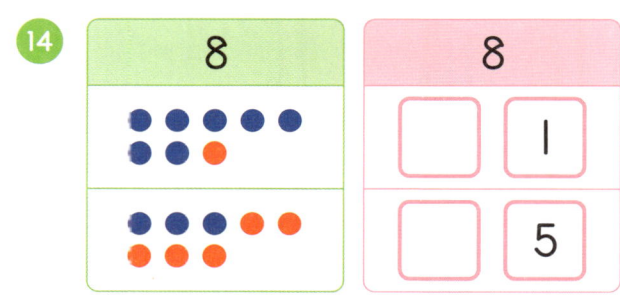

2. 9까지의 덧셈 알아보기

학습 목표

① 덧셈 상황을 반구체물을 활용하여 이해하기
② 덧셈식을 쓰고 읽기

덧셈 알아보기는 덧셈의 기초 개념을 형성하는 단계입니다.
즉 덧셈 상황 속에서 '합쳐진 양'을 인식하고, 그 의미를 '덧셈식'으로 표현하고
덧셈식을 읽어 보는 학습입니다.
자, 그럼 '9까지의 덧셈 알아보기'를 학습해 볼까요?

● 덧셈식으로 나타내기 ①

얼룩말 6마리와 2마리를 더하면 모두 8마리입니다.

$6+2=8$ ➡ 6 더하기 2는 8과 같습니다.
6과 2의 합은 8입니다.

● 덧셈식으로 나타내기 ②

젖소 4마리가 있는데 1마리가 더 오면 모두 5마리입니다.

$4+1=5$ ➡ 4 더하기 1은 5와 같습니다.
4와 1의 합은 5입니다.

 더하기(합)는 +로, 같습니다(입니다)는 =로 나타냅니다.

9까지의 더하기 알아보기 ①

📍 보기 와 같이, 그림을 보고 덧셈식을 쓰고 읽어 보세요.

보기

덧셈식 3+4=7   읽기   3 더하기 4는 7과 같습니다.

> 더하기는 +로
> 같습니다는 =로
> 나타내요.

1

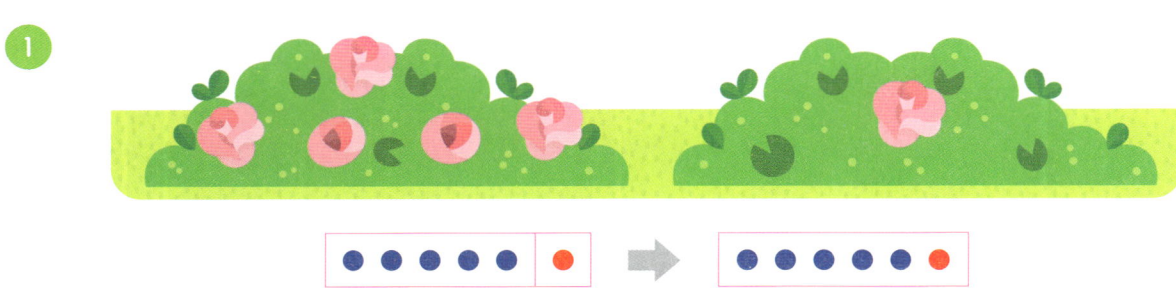

덧셈식   5 + 1 = ☐

읽기   [5] 더하기 ☐ 은 ☐ 과 같습니다.

2

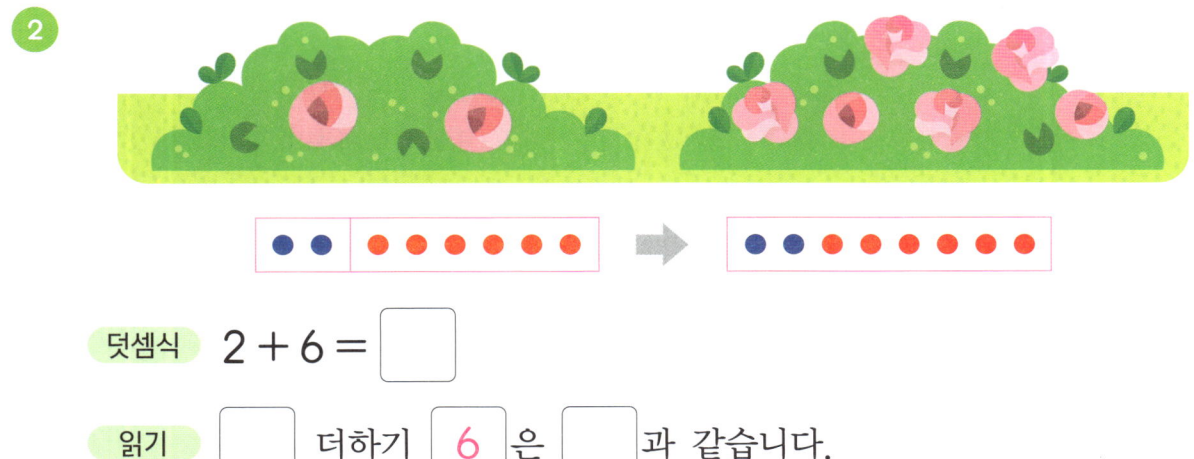

덧셈식   2 + 6 = ☐

읽기   ☐ 더하기 [6] 은 ☐ 과 같습니다.

🔍 그림(합병과 첨가 상황)을 보고 반구체물로 나타내 더하는 상황을 알고,
이를 덧셈식으로 표현하고 "● 더하기 ▲는 ■와 같습니다"로 읽어 봅니다.

3

덧셈식 3 + 2 = ☐

읽기 [3] 더하기 ☐ 는 ☐ 와 같습니다.

4

덧셈식 2 + 5 = ☐

읽기 ☐ 더하기 [5] 는 ☐ 과 같습니다.

5

덧셈식 5 + 4 = ☐

읽기 ☐ 더하기 ☐ 는 ☐ 와 같습니다.

그림을 보고 덧셈식을 쓰고 읽어 보세요.

①

덧셈식 4 + 3 = ☐

읽기 4 더하기 ☐ 은 ☐ 과 같습니다.

②

덧셈식 1 + 1 = ☐

읽기 ☐ 더하기 1 은 ☐ 와 같습니다.

③

덧셈식 2 + 7 = ☐

읽기 ☐ 더하기 ☐ 은 ☐ 와 같습니다.

🔍 그림(합병과 첨가 상황)을 보고 더하는 상황을 알고, 이를 덧셈식으로 표현하고
"● 더하기 ▲는 ■와 같습니다"로 읽어 보는 활동을 한번 더 익힙니다.

④

덧셈식   1 + 4 = ☐

읽기   [1] 더하기 ☐ 는 ☐ 와 같습니다.

⑤

덧셈식   4 + 2 = ☐

읽기   ☐ 더하기 [2] 는 ☐ 과 같습니다.

⑥

덧셈식   7 + 1 = ☐

읽기   ☐ 더하기 ☐ 은 ☐ 과 같습니다.

9까지의 더하기 알아보기 ③

보기 와 같이, 그림을 보고 덧셈식을 쓰고 읽어 보세요.

보기

덧셈식 1+7=8   읽기 1과 7의 합은 8입니다.

합은 +로
입니다는 =로
나타내요.

①

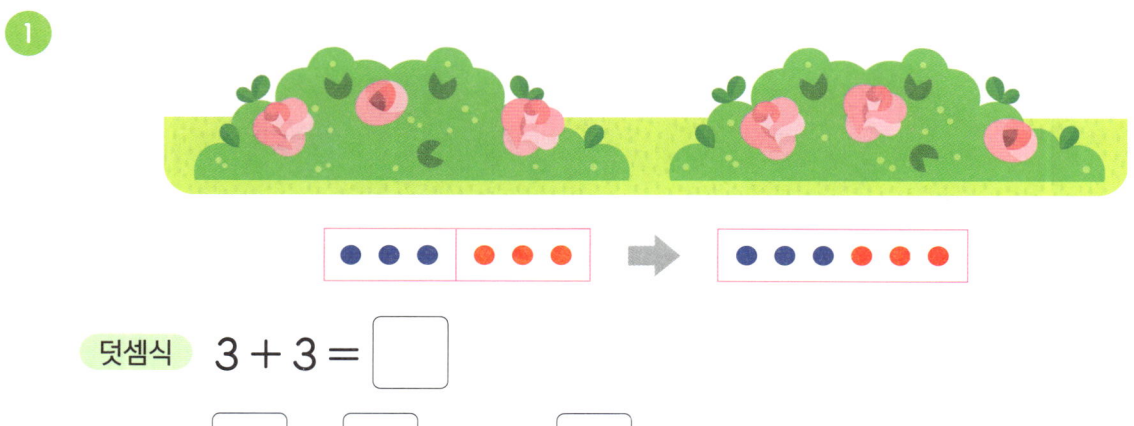

덧셈식 3 + 3 = ☐

읽기 3 과 ☐ 의 합은 ☐ 입니다.

②

덧셈식 5 + 2 = ☐

읽기 ☐ 와 2 의 합은 ☐ 입니다.

🔍 그림(합병과 첨가 상황)을 보고 반구체물로 나타내 더하는 상황을 알고,
이를 덧셈식으로 표현하고 "●와 ▲의 합은 ■입니다"로 읽어 봅니다.

③

덧셈식 2 + 2 = ☐

읽기 2 와 ☐ 의 합은 ☐ 입니다.

④

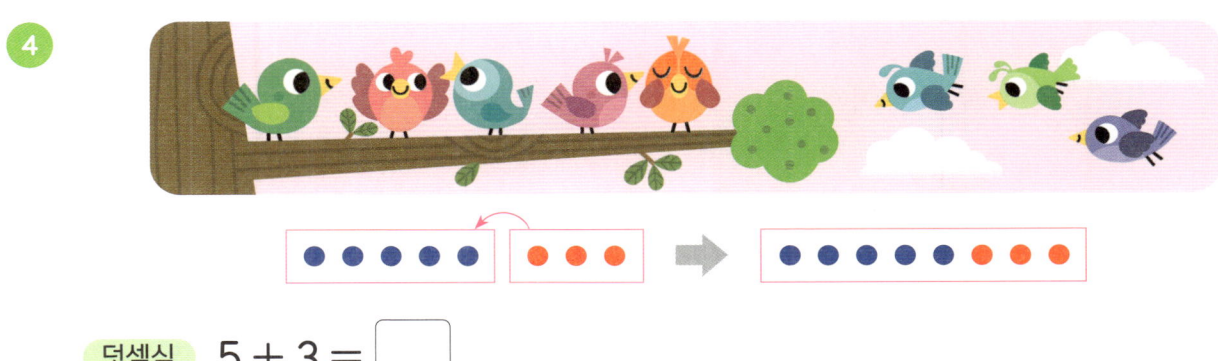

덧셈식 5 + 3 = ☐

읽기 ☐ 와 3 의 합은 ☐ 입니다.

⑤

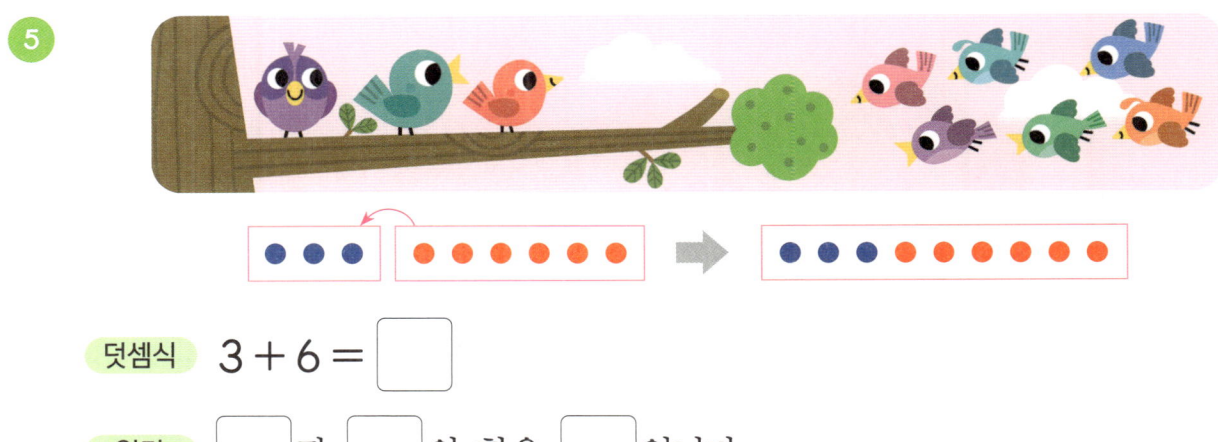

덧셈식 3 + 6 = ☐

읽기 ☐ 과 ☐ 의 합은 ☐ 입니다.

9까지의 더하기 알아보기 ④

 그림을 보고 덧셈식을 쓰고 읽어 보세요.

1

덧셈식 $2 + 4 = \boxed{}$

읽기 $\boxed{2}$ 와 $\boxed{}$ 의 합은 $\boxed{}$ 입니다.

2

덧셈식 $4 + 4 = \boxed{}$

읽기 $\boxed{}$ 와 $\boxed{4}$ 의 합은 $\boxed{}$ 입니다.

3

덧셈식 $6 + 3 = \boxed{}$

읽기 $\boxed{}$ 과 $\boxed{}$ 의 합은 $\boxed{}$ 입니다.

🔍 그림(합병과 첨가 상황)을 보고 더하는 상황을 알고, 이를 덧셈식으로 표현하고
"●와 ▲의 합은 ■입니다"로 읽어 보는 활동을 한번 더 익힙니다.

4

덧셈식 1 + 3 = ☐

읽기 1 과 ☐ 의 합은 ☐ 입니다.

5

덧셈식 6 + 1 = ☐

읽기 ☐ 과 1 의 합은 ☐ 입니다.

6

덧셈식 2 + 3 = ☐

읽기 ☐ 와 ☐ 의 합은 ☐ 입니다.

📍 그림을 보고 덧셈식을 쓰고 두 가지 방법으로 읽어 보세요.

1

덧셈식 $7 + 2 =$ ☐   읽기 ☐ 더하기 ☐ 는 ☐ 와 같습니다.

☐ 과 ☐ 의 합은 ☐ 입니다.

2

덧셈식 $3 + 5 =$ ☐   읽기 ☐ 더하기 ☐ 는 ☐ 과 같습니다.

☐ 과 ☐ 의 합은 ☐ 입니다.

3

덧셈식 $1 + 6 =$ ☐   읽기 ☐ 더하기 ☐ 은 ☐ 과 같습니다.

☐ 과 ☐ 의 합은 ☐ 입니다.

🔍 그림을 보고 더하는 상황을 알고, 이를 덧셈식으로 표현하고
덧셈식을 두 가지 방법으로 읽는 연습을 합니다.

④

덧셈식 1 + 5 = ☐

읽기 ☐ 더하기 ☐ 는 ☐ 과 같습니다.

☐ 과 ☐ 의 합은 ☐ 입니다.

⑤

덧셈식 3 + 1 = ☐

읽기 ☐ 더하기 ☐ 은 ☐ 와 같습니다.

☐ 과 ☐ 의 합은 ☐ 입니다.

⑥

덧셈식 4 + 5 = ☐

읽기 ☐ 더하기 ☐ 는 ☐ 와 같습니다.

☐ 와 ☐ 의 합은 ☐ 입니다.

3. 9까지의 덧셈

학습 목표

① 덧셈을 이해하고 다양한 방법으로 덧셈 익히기
② 두 수의 순서를 바꾸어 더한 결과 비교하기
③ 더하기를 하며 규칙 찾기

앞에서 배운 '9까지의 덧셈 알아보기'를 바탕으로 하여, 이어 세기로 더하기, 연결 모형으로 더하기, 십 배열판으로 더하기, 수 모으기로 더하기 등의 여러 가지 방법으로 '9까지의 덧셈'을 익혀 보는 학습입니다.
자, 그럼 '9까지의 덧셈'을 학습해 볼까요?

개념 다잡기

● 더하기

5+2

방법1 십 배열판으로 더하기

연못 안에 있는 오리의 수(5)만큼 ○를 그리고, 이어서 연못 밖에 있는 오리의
수(2)만큼 ○를 더 그립니다.

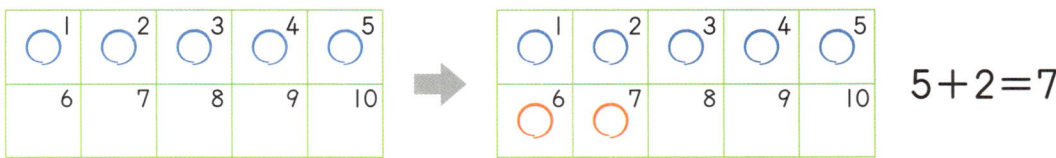

$5+2=7$

하나씩 세면 1, 2, 3, 4, 5, 6, 7이므로 오리는 모두 5+2=7(마리)입니다.

방법2 수 모으기로 더하기

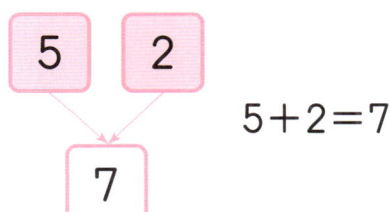

$5+2=7$

5와 2를 모으기 하면 7이므로
오리는 모두 5+2=7(마리)입니다.

● 더하기를 하며 규칙 찾기

$1+4=5$

$4+1=5$

두 수의 순서를 바꾸어 더해도 합은 같
습니다.

더해지는 수 ←   → 더하는 수

$2+1=3$
$2+2=4$
$2+3=5$
$2+4=6$

1씩 커집니다. ←   → 1씩 커집니다.

더해지는 수는 같고 더하는 수가 1씩
커지면 합도 1씩 커집니다.

이어 세기로 더하기

와 같이, 이어 세기로 덧셈을 해 보세요.

보기

$$3 \quad 4 \quad 5 \quad 6 \quad 7 \quad 8$$

$$3 + 5 = 8$$

3에서 5만큼
이어 세면
4, 5, 6, 7, 8이므로
3+5=8입니다.

2

$$4 \quad \square$$

$$4 + 1 = \square$$

1

$$3 \quad \square \quad \square \quad \square$$

$$3 + 3 = \square$$

3

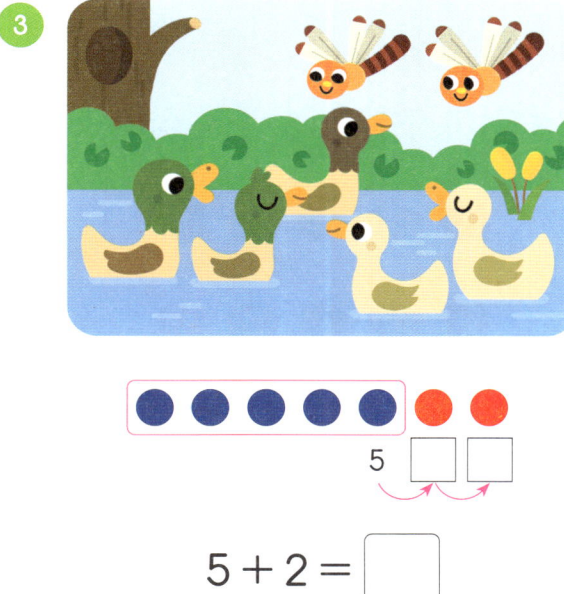

$$5 \quad \square \quad \square$$

$$5 + 2 = \square$$

🔍 이어 세기를 하여 합을 써 봅니다. 이어 세기는 더해지는 수를 미리 세었다고 생각하고 더하는 수만큼 이어서 세는 것입니다.

④ $1 + 3 = \boxed{}$

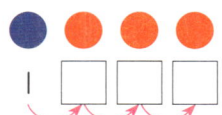

⑧ $5 + 4 = \boxed{}$

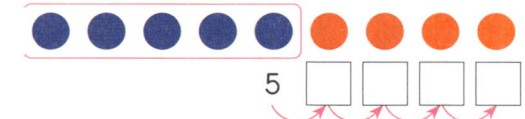

⑤ $7 + 2 = \boxed{}$

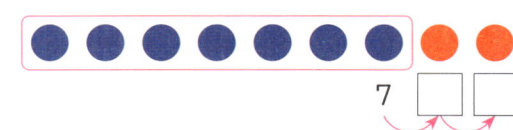

⑨ $6 + 1 = \boxed{}$

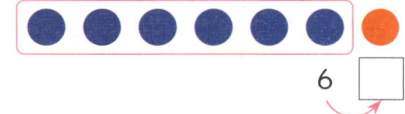

⑥ $2 + 4 = \boxed{}$

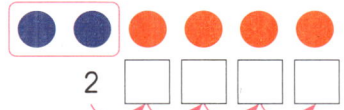

⑩ $3 + 6 = \boxed{}$

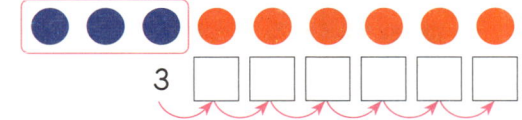

⑦ $4 + 3 = \boxed{}$

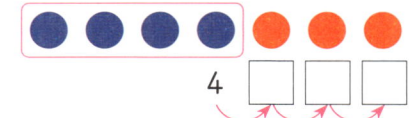

⑪ $1 + 7 = \boxed{}$

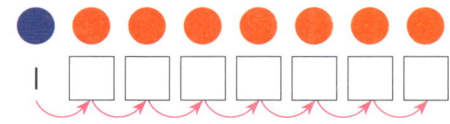

📖 보기 와 같이, 덧셈식에 맞게 연결 모형을 더 색칠하고 덧셈을 해 보세요.

보기

$$5 + 4 = \boxed{9}$$

색칠된 5칸에
색칠한 4칸을 더하면
모두 9칸이므로
5+4=9입니다.

2

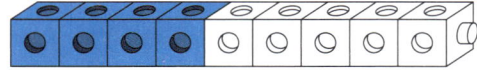

$$4 + 1 = \boxed{}$$

1

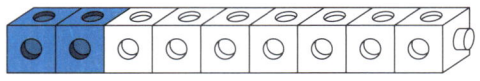

$$2 + 2 = \boxed{}$$

3

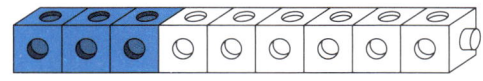

$$3 + 5 = \boxed{}$$

🔍 덧셈식에 맞게 더하는 수만큼 연결 모형을 더 색칠한 다음, 색칠한 연결 모형의 수를 모두 세어 합을 써 봅니다. 연결 모형은 앞에서부터 순서대로 색칠합니다.

④ 2 + 6 = ☐

⑤ 5 + 1 = ☐

⑥ 3 + 3 = ☐

⑦ 1 + 6 = ☐
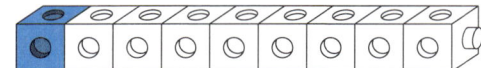

⑧ 4 + 5 = ☐

⑨ 3 + 1 = ☐
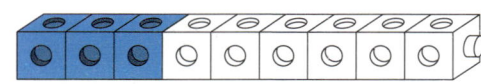

⑩ 6 + 2 = ☐
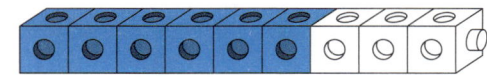

⑪ 1 + 8 = ☐
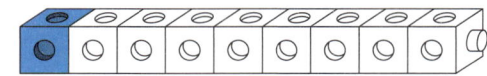

⑫ 4 + 3 = ☐
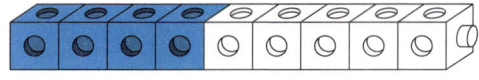

⑬ 3 + 2 = ☐
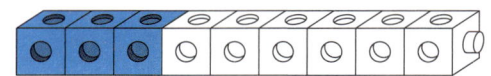

십 배열판으로 더하기

보기 와 같이, 덧셈식에 맞게 ◯를 더 그리고 덧셈을 해 보세요.

보기

◯ 4개에 ◯ 2개를 더 그리면 모두 6개이므로 4+2=6 입니다.

4 + 2 = 6

②

3 + 4 =

①

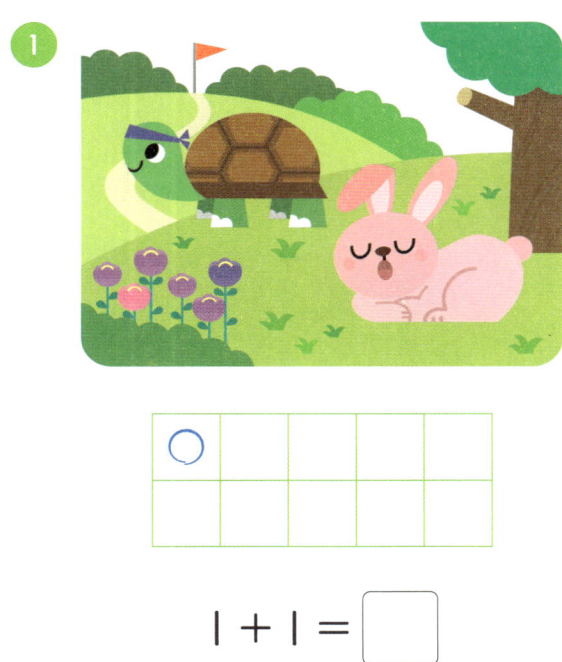

1 + 1 =

③

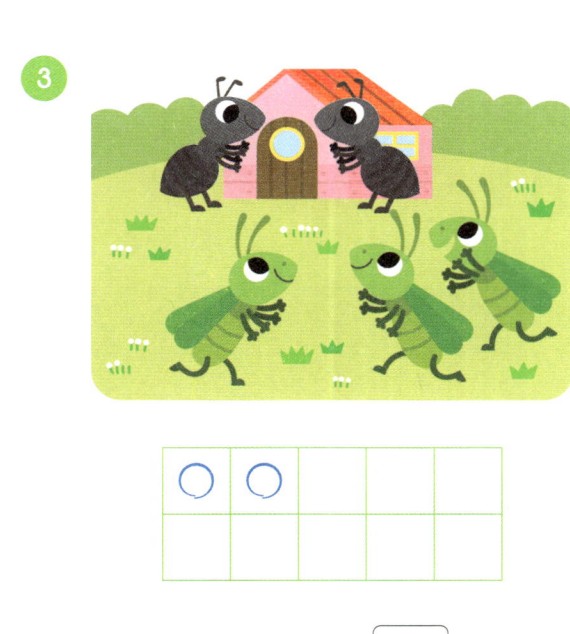

2 + 3 =

🔍 덧셈식에 맞게 더하는 수만큼 ○를 더 그린 다음, ○의 수를 모두 세어 합을 써 봅니다.
○는 위의 다섯 칸부터 먼저 채웁니다.

4 $2 + 1 =$ ☐

8 $2 + 6 =$ ☐

12 $1 + 3 =$ ☐

5 $4 + 4 =$ ☐

9 $5 + 3 =$ ☐

13 $8 + 1 =$ ☐

6 $7 + 2 =$ ☐

10 $1 + 4 =$ ☐

14 $2 + 5 =$ ☐

7 $1 + 5 =$ ☐

11 $6 + 3 =$ ☐

15 $1 + 2 =$ ☐

4 일차 수 모으기로 더하기

🔖 **보기** 와 같이, 수 모으기를 하고 덧셈을 해 보세요.

보기

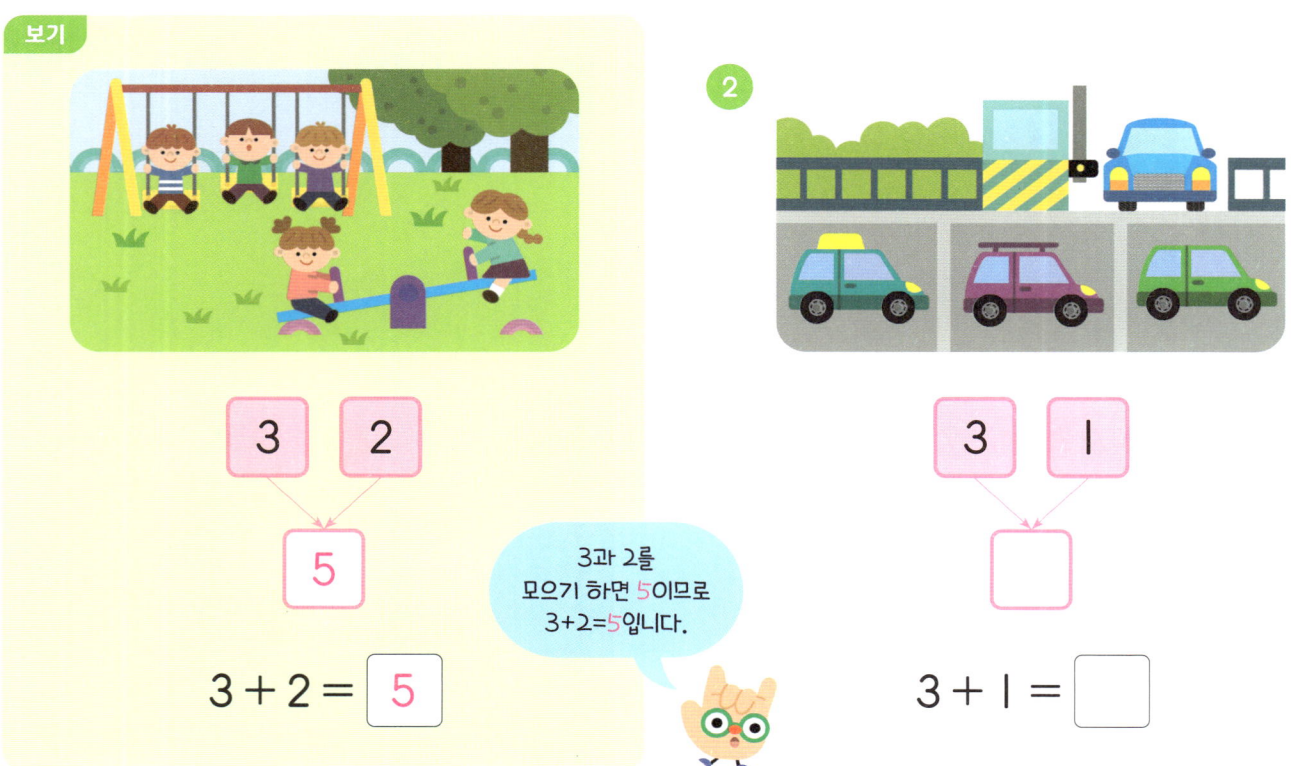

3 2

5

3과 2를
모으기 하면 5이므로
3+2=5입니다.

3 + 2 = 5

2

3 1

3 + 1 =

1

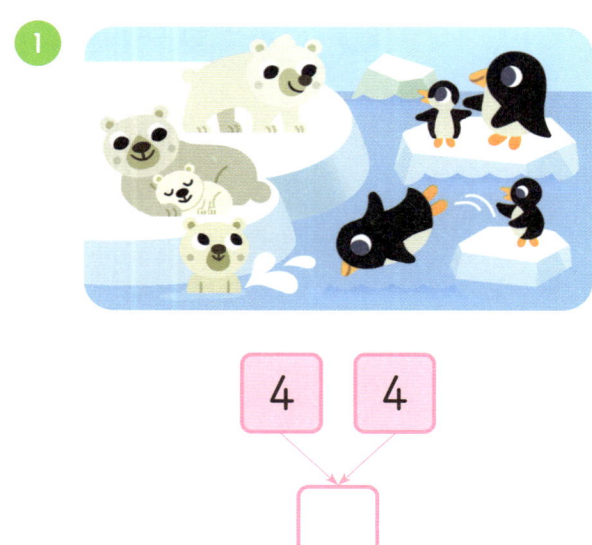

4 4

4 + 4 =

3

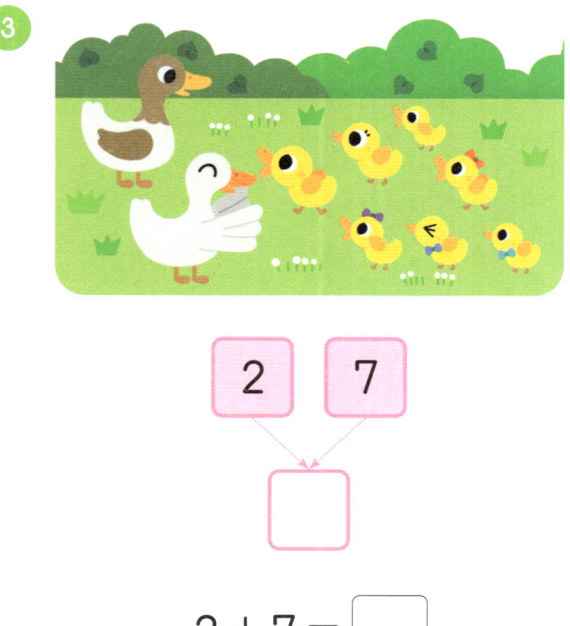

2 7

2 + 7 =

▶ 표준완성시간: 3~4분

날짜:	월	일
시간:	분	초
오답 수:		/ 12

두 수를 모으기 한 수는 덧셈식의 합과 같습니다.

④ $2+1=\square$

2, 1 → □

⑦ $4+5=\square$

4, 5 → □

⑩ $5+3=\square$

5, 3 → □

⑤ $3+4=\square$

3, 4 → □

⑧ $7+1=\square$

7, 1 → □

⑪ $1+4=\square$

1, 4 → □

⑥ $4+2=\square$

4, 2 → □

⑨ $2+5=\square$

2, 5 → □

⑫ $6+3=\square$

6, 3 → □

더하기를 하며 규칙 찾기

📍 보기 와 같이, 두 수의 순서를 바꾸어 덧셈을 해 보세요.

보기

$3 + 4 = \boxed{7}$

$4 + 3 = \boxed{7}$

3과 4의 순서를 바꾸어 더해도 합은 7로 같습니다.

4

$2 + 3 = \boxed{}$

$3 + 2 = \boxed{}$

1

$1 + 3 = \boxed{}$

$3 + 1 = \boxed{}$

5

$3 + 5 = \boxed{}$

$5 + 3 = \boxed{}$

2

$8 + 1 = \boxed{}$

$1 + 8 = \boxed{}$

6

$2 + 4 = \boxed{}$

$4 + 2 = \boxed{}$

3

$2 + 6 = \boxed{}$

$6 + 2 = \boxed{}$

7

$7 + 2 = \boxed{}$

$2 + 7 = \boxed{}$

날짜:	월	일
시간:	분	초
오답 수:		/ 9

🔍 덧셈은 두 수의 순서를 바꾸어 더해도 합은 같습니다. 또, 더해지는 수는 같고 더하는 수가 1씩 커지면 합도 1씩 커지고, 더해지는 수는 1씩 커지고 더하는 수가 1씩 작아지면 합은 같습니다.

📖 **그림을 보고 덧셈을 해 보세요.**

8

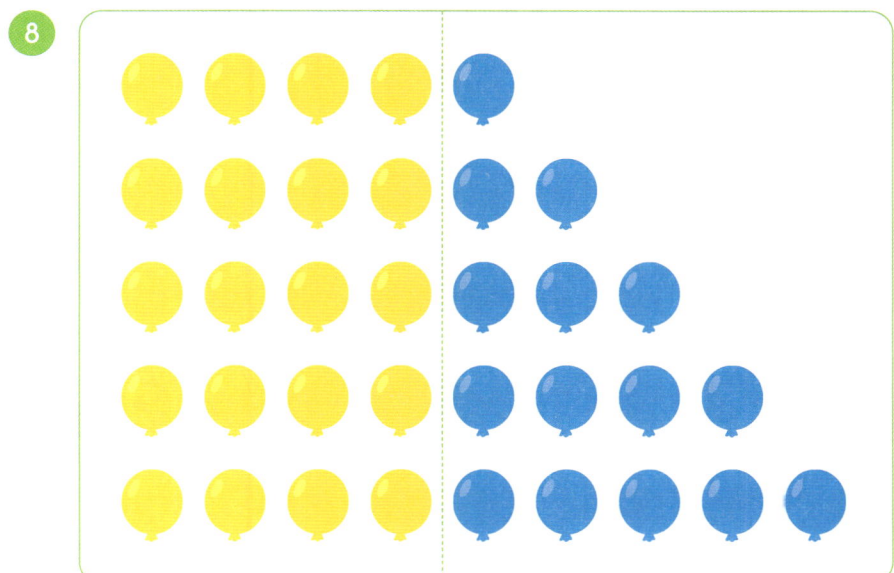

$4 + 1 =$ ☐

$4 + 2 =$ ☐

$4 + 3 =$ ☐

$4 + 4 =$ ☐

$4 + 5 =$ ☐

더해지는 수는 같고 더하는 수가 1씩 커지면 합은 어떨까?

9

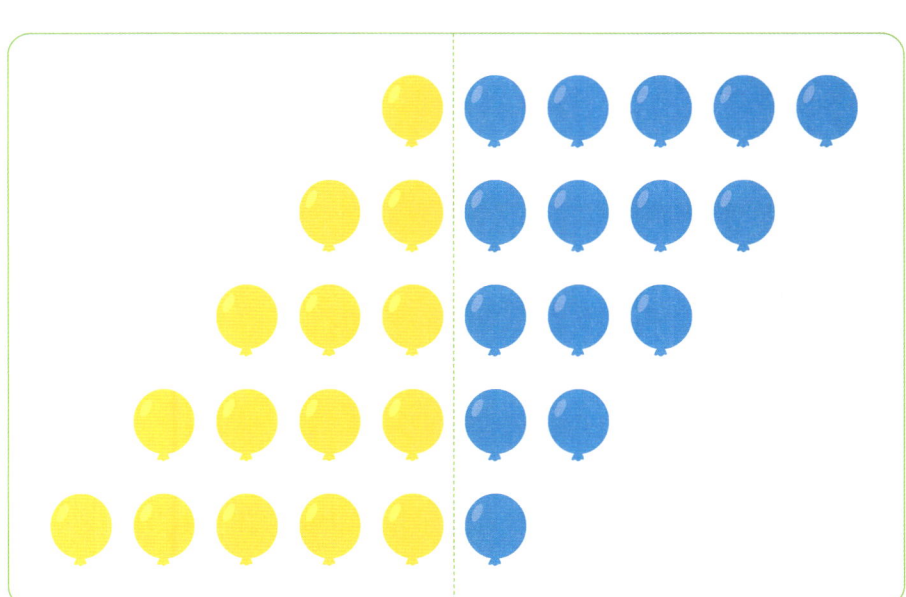

$1 + 5 =$ ☐

$2 + 4 =$ ☐

$3 + 3 =$ ☐

$4 + 2 =$ ☐

$5 + 1 =$ ☐

더해지는 수는 1씩 커지고 더하는 수가 1씩 작아지면 합은 어떨까?

4. 10 모으기와 가르기

① 10이 되게 두 수를 모으기
② 10을 두 수로 가르기
③ 10을 여러 가지 방법으로 모으기와 가르기

학습 목표

10이 되게 두 수를 모으기 하거나 10을 두 수로 가르기 하는 것은 바로 배우게 될
'합이 10인 덧셈'과 뺄셈에서 배울 '10에서 빼는 뺄셈'의 기초가 되는 학습입니다.
자, 그럼 '10 모으기와 가르기'를 학습해 볼까요?

개념 다잡기

● 모으기

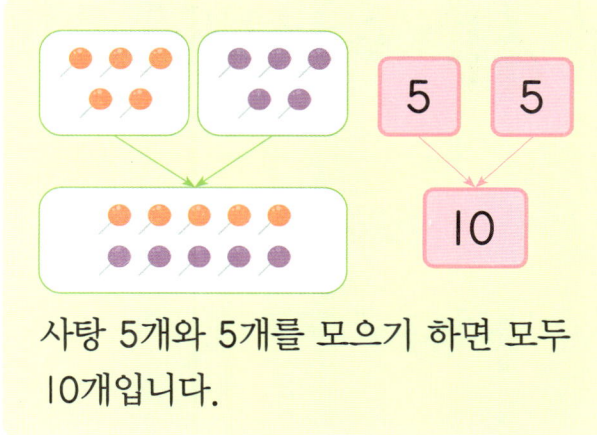

사탕 5개와 5개를 모으기 하면 모두 10개입니다.

▶ 10이 되게 두 수를 모으기

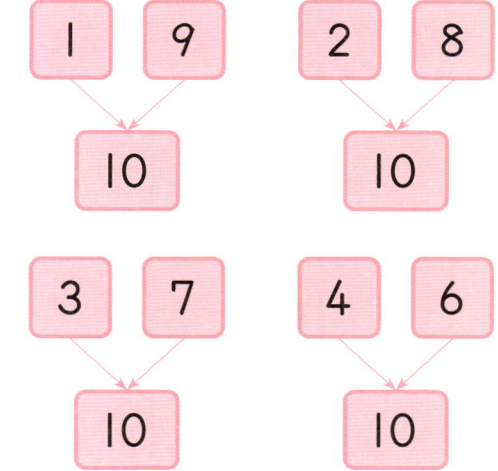

● 가르기

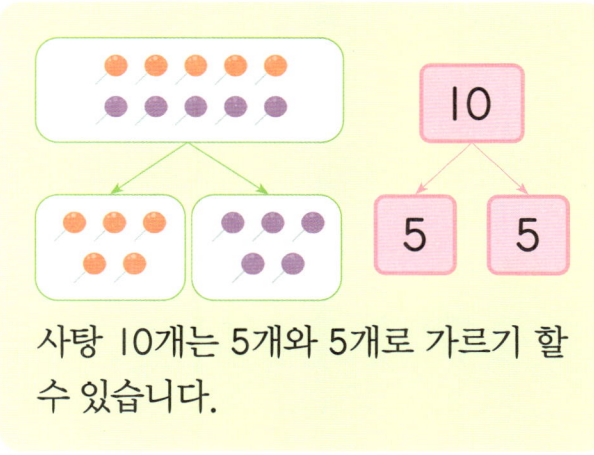

사탕 10개는 5개와 5개로 가르기 할 수 있습니다.

▶ 10을 두 수로 가르기

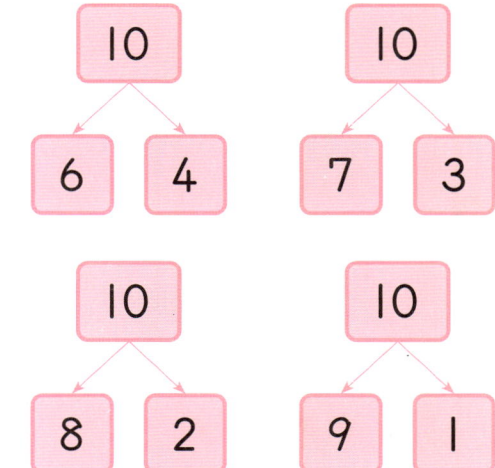

● 10 모으기와 가르기

모으기 하여 10이 되는 두 수는 여러 가지가 있습니다.

10을 두 수로 가르기 하는 방법은 여러 가지가 있습니다.

1일차 10이 되게 두 수를 모으기

보기 와 같이, 그림을 보고 모으기를 해 보세요.

보기

9와 1을 모으기 하면 10입니다.

9 | 1 → 10

① 3 | 7

② 5 | 5

③ 4 | 6

④ 2 | 8

⑤ 6 | 4

⑥ 1 | 9

⑦ 7 | 3

🔍 두 수를 모으기 하여 10을 만드는 연습을 합니다.
　 그림을 보고 두 수를 모으기 한 수 또는 나머지 한 수를 써 봅니다.

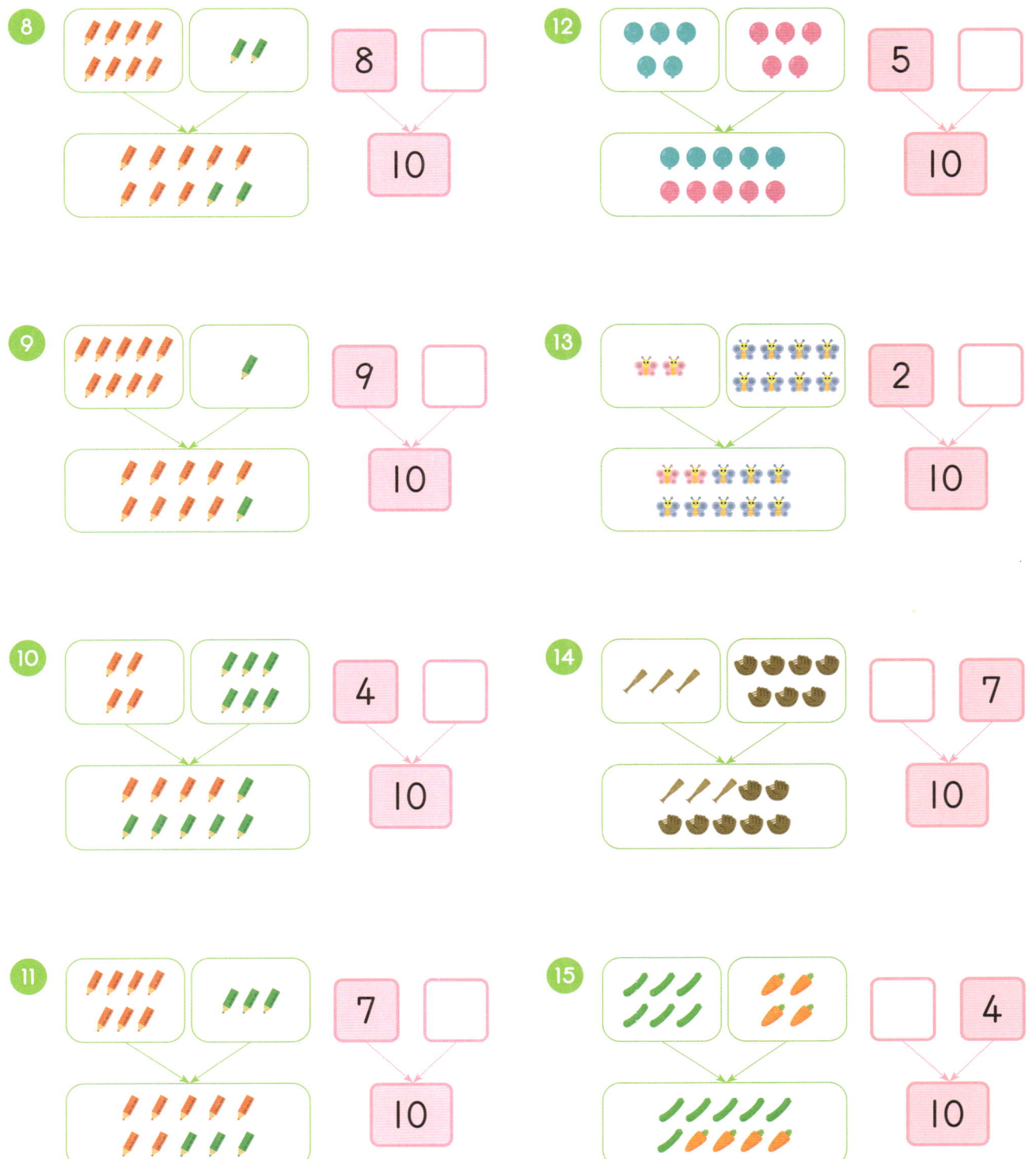

10을 두 수로 가르기

보기 와 같이, 그림을 보고 가르기를 해 보세요.

보기

10은 4와 6으로 가르기 할 수 있습니다.

🔍 10을 두 수로 가르기 하는 연습을 합니다.
그림을 보고 10을 두 수로 가르기 한 수 중 나머지 한 수를 써 봅니다.

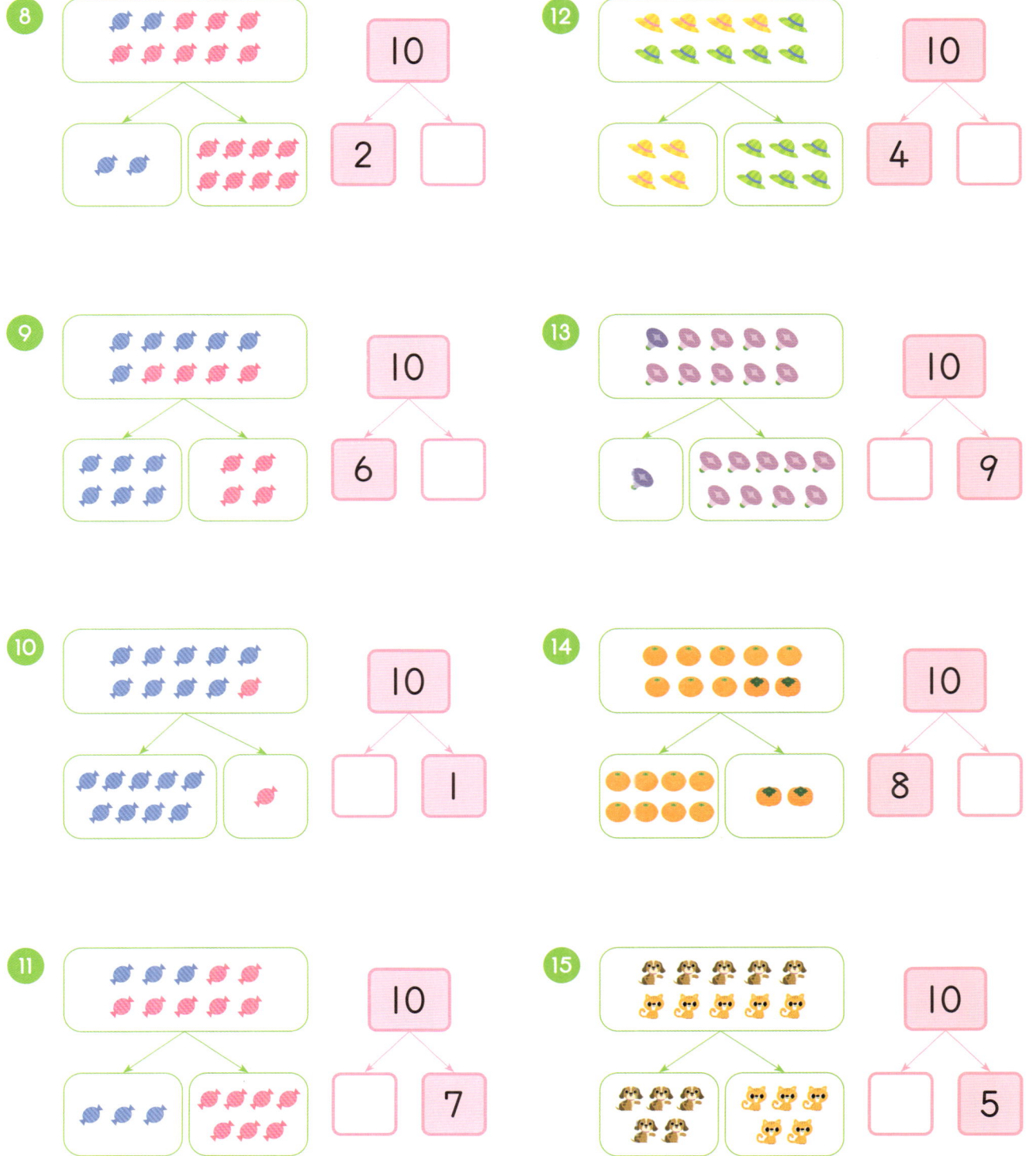

보기 와 같이, 빈칸에 알맞은 수만큼 ◯를 그리고 알맞은 수를 써넣으세요.

보기

● 4개와 6개를 모으기 하면 10개이므로,
◯를 10개 그리고 10이라고 씁니다.

🔍 반구체물을 통해 10 모으기와 가르기의 원리를 한번 더 익힙니다.
각 반구체물에 알맞게 ○를 그린 후 그 수를 세어 써 봅니다.

✏️ 보기 와 같이, 빈칸에 알맞은 수만큼 ○ 를 그리고 알맞은 수를 써넣으세요.

보기

● 10개는 9개와 1개로 가르기 할 수 있으므로, ○를 1개 그리고 1이라고 씁니다.

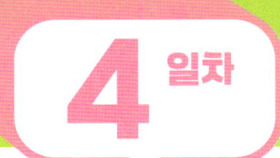

10 모으기와 가르기 ②

보기 와 같이, 모으기를 해 보세요.

보기

3 과 7

10

3과 7을 모으기 하면 10입니다.

1 8 2 → ☐

2 9 1 → ☐

3 4 6 → ☐

4 5 ☐ → 10

5 1 ☐ → 10

6 ☐ 8 → 10

7 ☐ 3 → 10

8 6 4 → ☐

9 5 5 → ☐

10 7 ☐ → 10

11 ☐ 9 → 10

🔍 3과 7을 모으기 하여 10이 되고, 10을 다시 3과 7로 가르기 할 수 있듯이 모으기와 가르기는 서로 연결되어 있습니다.

📌 보기 와 같이, 가르기를 해 보세요.

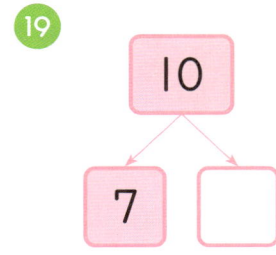

15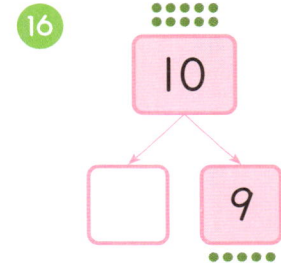

19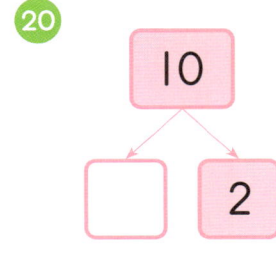

12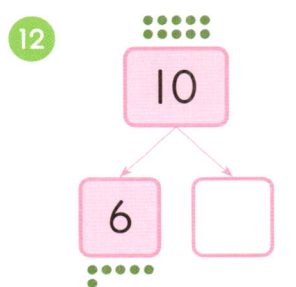

16

20

13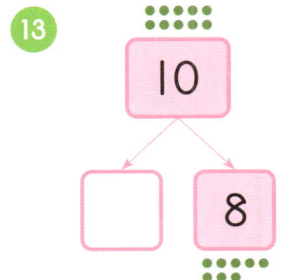

17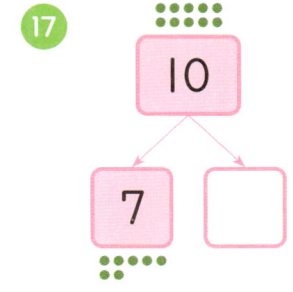

21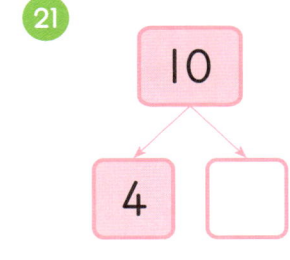

14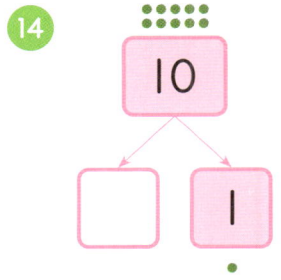

18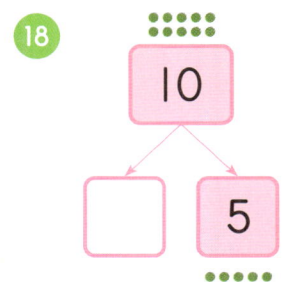

22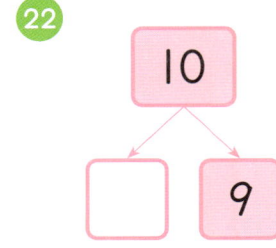

10 모으기와 가르기 ③

보기 와 같이, 모으기를 해 보세요.

보기

9	1
8	2
7	3
6	4

10

9와 1, 8과 2,
7과 3, 6과 4를
모으기 하면
10입니다.

3

2	
7	
9	
4	

10

1

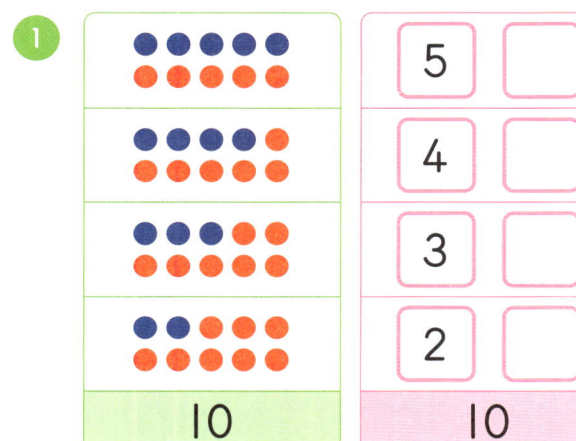

5	
4	
3	
2	

10

4

	7
	4
	2
	5

10

2

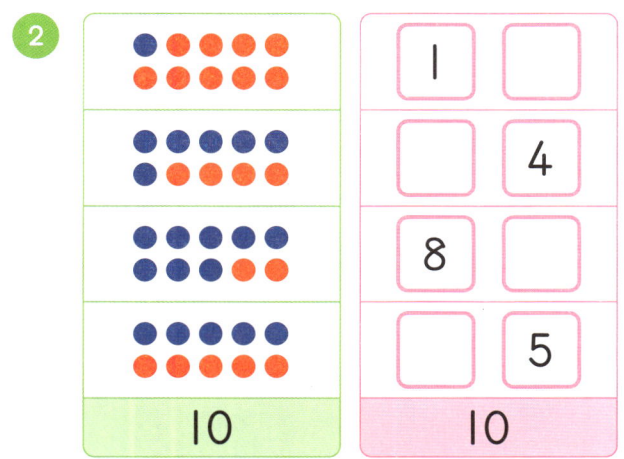

1	
	4
8	
	5

10

5

1	
	3
6	
	8

10

날짜:	월	일
시간:	분	초
오답 수:		/ 10

🔍 두 수를 모으기 하여 10을 만들거나 10을 두 수로 가르기 하는 방법은 여러 가지가 있습니다.

📌 **보기 와 같이, 가르기를 해 보세요.**

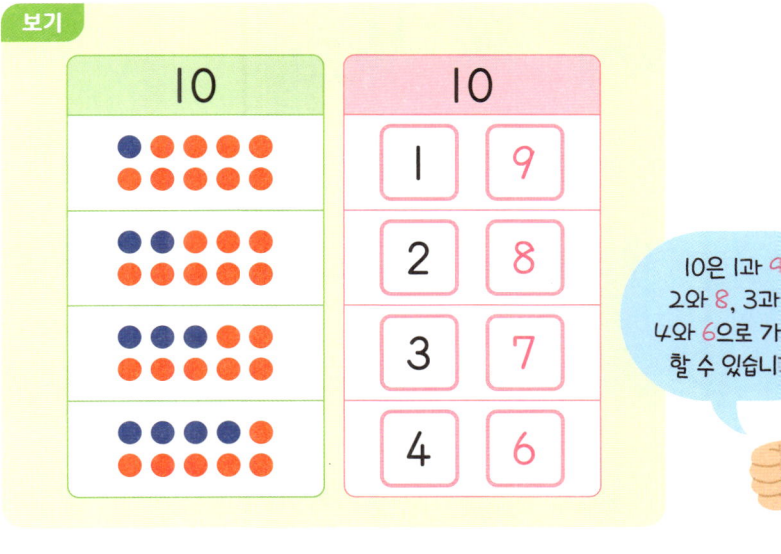

10은 1과 9,
2와 8, 3과 7,
4와 6으로 가르기
할 수 있습니다.

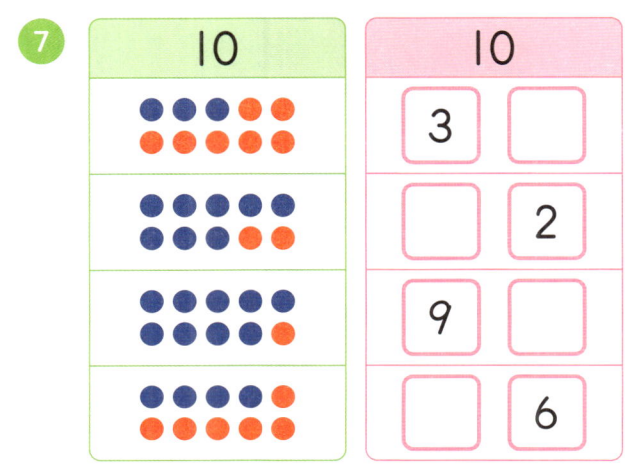

5. 합이 10인 덧셈

학습 목표

① 이어 세기와 수 모으기로 합이 10인 덧셈 익히기
② 수 막대, 십 배열판, 도미노, 수 모으기를 이용하여
   합이 10인 덧셈식에서 모르는 수 구하기
③ 두 수의 순서를 바꾸어 더한 결과 비교하기

앞에서 배운 '10 모으기와 가르기'를 바탕으로 하여, '합이 10인 덧셈'을 익힙니다.
'합이 10인 덧셈'은 바로 배우게 될 '10을 만들어 더해 보기'의 기초가 되는 학습입니다.
자, 그럼 '합이 10인 덧셈'을 학습해 볼까요?

● 더하기

6+4

방법1 이어 세기로 더하기

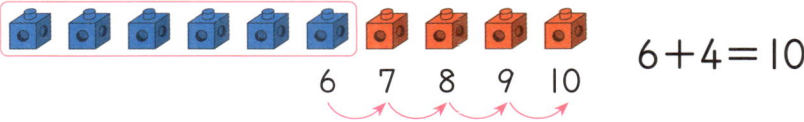

6 7 8 9 10

6+4=10

6에서 4만큼 이어 세면 7, 8, 9, 10이므로 동물은 모두 6+4=10(마리)입니다.

방법2 수 모으기로 더하기

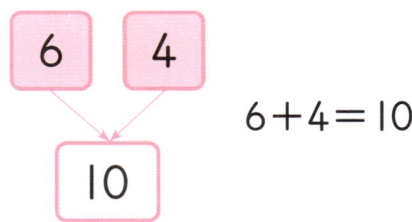

6 4

10

6+4=10

6과 4를 모으기 하면 10이므로 동물은 모두 6+4=10(마리)입니다.

● 두 수의 순서를 바꾸어 더하기

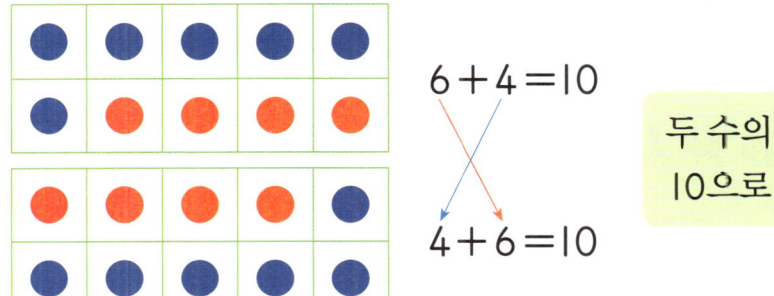

6 + 4 = 10

4 + 6 = 10

두 수의 순서를 바꾸어 더해도 합은 10으로 같습니다.

이어 세기로 더하기

보기 와 같이, 이어 세기로 덧셈을 해 보세요.

보기

8 9 10

$8 + 2 = 10$

8에서 2만큼
이어 세면 9, 10이므로
8+2=10입니다.

② 5 ☐ ☐ ☐ ☐ ☐

$5 + 5 = \boxed{}$

①

4 ☐ ☐ ☐ ☐ ☐ ☐

$4 + 6 = \boxed{}$

③

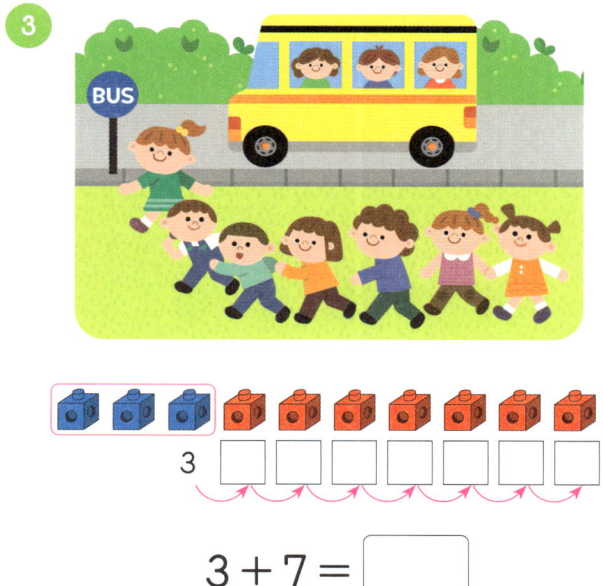

3 ☐ ☐ ☐ ☐ ☐ ☐ ☐

$3 + 7 = \boxed{}$

🔍 이어 세기를 하여 합을 써 봅니다. 이어 세기는 더해지는 수를 미리 세었다고 생각하고
더하는 수만큼 이어서 세는 것입니다.

④ $9 + 1 =$ ☐

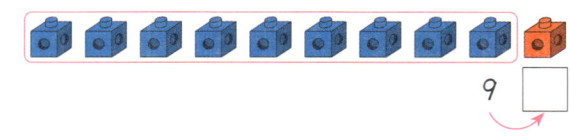

9

⑧ $6 + 4 =$ ☐

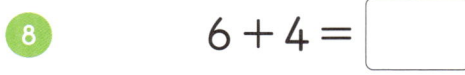

6

⑤ $2 + 8 =$ ☐

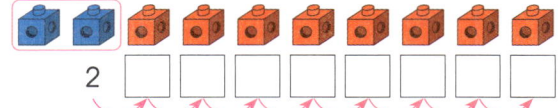

2

⑨ $3 + 7 =$ ☐

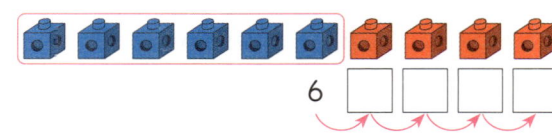

3

⑥ $5 + 5 =$ ☐

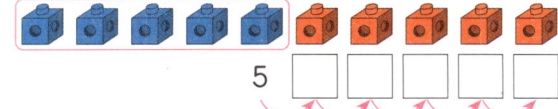

5

⑩ $8 + 2 =$ ☐

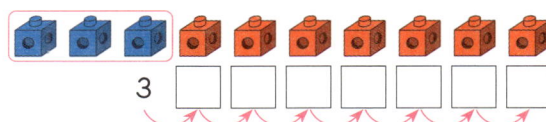

8

⑦ $7 + 3 =$ ☐

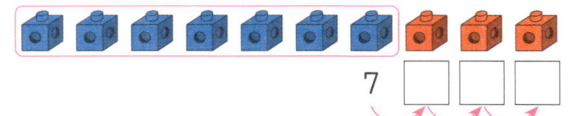

7

⑪ $1 + 9 =$ ☐

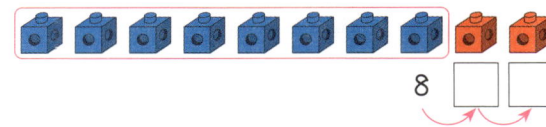

1

수 모으기로 더하기

보기 와 같이, 수 모으기를 하고 덧셈을 해 보세요.

보기

1 9

10

1과 9를 모으기 하면 10이므로 1+9=10입니다.

1 + 9 = 10

❷

6 4

6 + 4 =

❶

7 3

7 + 3 =

❸

2 8

2 + 8 =

🔍 두 수를 모으기 한 수는 덧셈식의 합과 같습니다.

④ 7 + 3 = ☐

| 7 | 3 |

☐

⑦ 8 + 2 = ☐

| 8 | 2 |

☐

⑩ 4 + 6 = ☐

| 4 | 6 |

☐

⑤ 1 + 9 = ☐

| 1 | 9 |

☐

⑧ 5 + 5 = ☐

| 5 | 5 |

☐

⑪ 9 + 1 = ☐

| 9 | 1 |

☐

⑥ 6 + 4 = ☐

| 6 | 4 |

☐

⑨ 3 + 7 = ☐

| 3 | 7 |

☐

⑫ 2 + 8 = ☐

| 2 | 8 |

☐

💡 보기 와 같이, ☐ 안에 알맞은 수를 써넣으세요.

보기

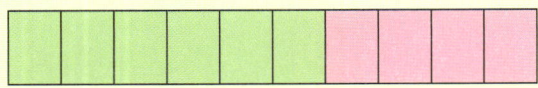

$$\boxed{6} + 4 = 10$$

연두색 6칸과 분홍색 4칸을 더하면
10칸이므로 6+4=10입니다.

1

$$2 + \boxed{} = 10$$

2

$$\boxed{} + 3 = 10$$

3

$$6 + \boxed{} = 10$$

4

$$\boxed{} + 9 = 10$$

5

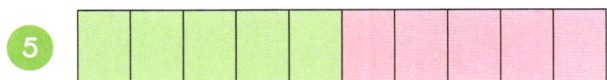

$$5 + \boxed{} = 10$$

6

$$\boxed{} + 1 = 10$$

7

$$4 + \boxed{} = 10$$

8

$$\boxed{} + 7 = 10$$

9

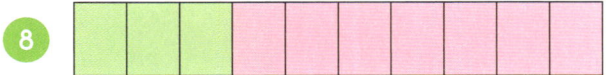

$$8 + \boxed{} = 10$$

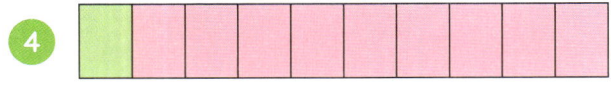

🔍 두 가지 색으로 칠해진 칸의 수를 세어 합이 10이 되는 두 수를 알아봅니다.
또, 10이 되도록 ○를 더 그린 다음, 더 그린 ○의 수를 세어 덧셈식을 완성합니다.

📍 보기 와 같이, 10이 되도록 ○를 더 그리고 ☐ 안에 알맞은 수를 써넣으세요.

보기

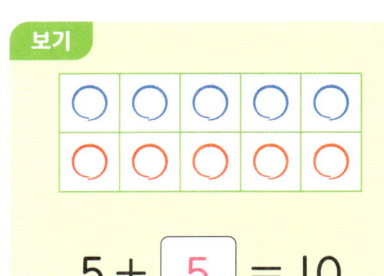

$5 + \boxed{5} = 10$

○ 5개에 ○ 5개를 더 그리면 모두 10개이므로 5+5=10입니다.

13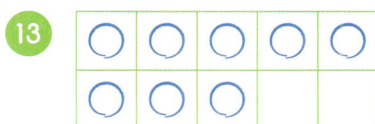

$8 + \boxed{} = 10$

17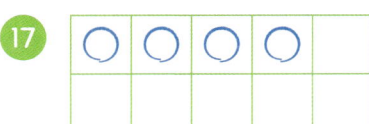

$\boxed{} + \boxed{} = 10$

10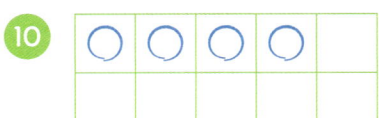

$4 + \boxed{} = 10$

14

$1 + \boxed{} = 10$

18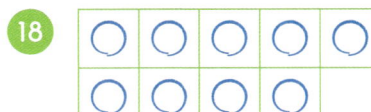

$\boxed{} + \boxed{} = 10$

11

$9 + \boxed{} = 10$

15

$7 + \boxed{} = 10$

19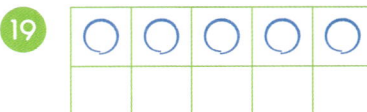

$\boxed{} + \boxed{} = 10$

12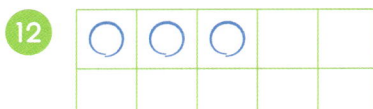

$3 + \boxed{} = 10$

16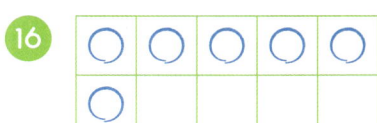

$6 + \boxed{} = 10$

20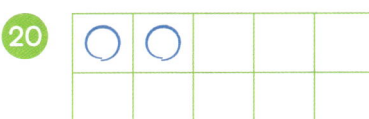

$\boxed{} + \boxed{} = 10$

4 일차 10이 되는 더하기 ②

보기 와 같이, 10이 되도록 빈칸에 ●를 그리고 □ 안에 알맞은 수를 써넣으세요.

보기

$$7 + \boxed{3} = 10$$

● 7개에 3개를 더 그리면
모두 10개이므로 7+3=10입니다.

4

$$\boxed{} + 5 = 10$$

8

$$\boxed{} + \boxed{} = 10$$

1

$$\boxed{} + 4 = 10$$

5

$$3 + \boxed{} = 10$$

9

$$\boxed{} + \boxed{} = 10$$

2

$$9 + \boxed{} = 10$$

6

$$\boxed{} + 6 = 10$$

10

$$\boxed{} + \boxed{} = 10$$

3

$$\boxed{} + 2 = 10$$

7

$$1 + \boxed{} = 10$$

11

$$\boxed{} + \boxed{} = 10$$

🔍 왼쪽 또는 오른쪽의 ○의 수를 먼저 센 다음, 이어 세기를 하여 10이 되도록 ●를 그립니다.
또, 주어진 수와 모으기를 하여 10이 되는 수를 찾은 다음, 덧셈식을 완성합니다.

✏️ 보기 와 같이, 10이 되도록 수 모으기를 하고 □ 안에 알맞은 수를 써넣으세요.

보기

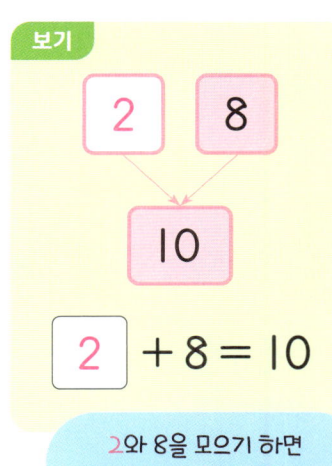

$2 + 8 = 10$

2와 8을 모으기 하면 10이므로 2+8=10입니다.

14

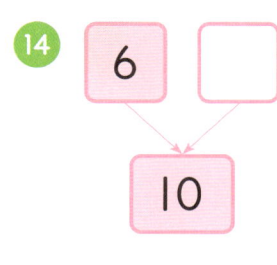

$6 + \boxed{} = 10$

17

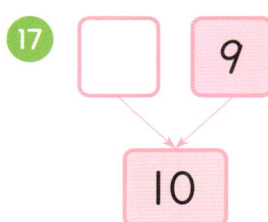

$\boxed{} + \boxed{} = 10$

12

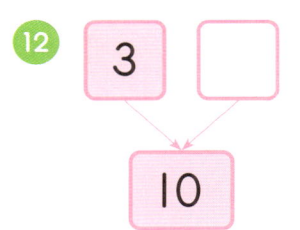

$3 + \boxed{} = 10$

15

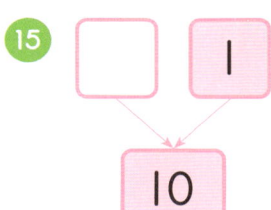

$\boxed{} + 1 = 10$

18

7 [ ] → 10

$\boxed{} + \boxed{} = 10$

13

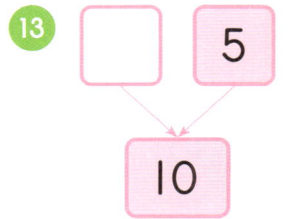

$\boxed{} + 5 = 10$

16

4 [ ] → 10

$4 + \boxed{} = 10$

19

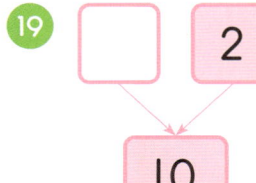

$\boxed{} + \boxed{} = 10$

두 수의 순서를 바꾸어 더하기

💡 **보기** 와 같이, ☐ 안에 알맞은 수를 써넣으세요.

보기

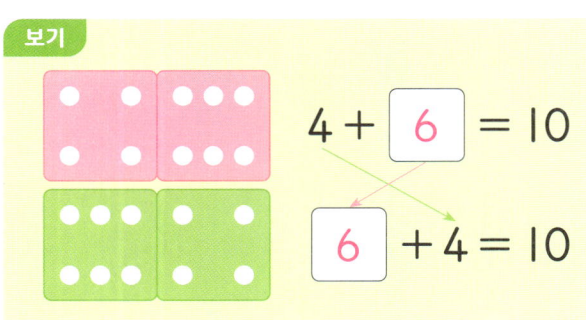

$4 + \boxed{6} = 10$

$\boxed{6} + 4 = 10$

4와 6의 순서를 바꾸어 더해도 합은 10으로 같습니다.

④

$\boxed{} + 1 = 10$

$1 + \boxed{} = 10$

①

$\boxed{} + 9 = 10$

$9 + \boxed{} = 10$

⑤

$3 + \boxed{} = 10$

$\boxed{} + 3 = 10$

②

$7 + \boxed{} = 10$

$\boxed{} + 7 = 10$

⑥

$\boxed{} + 8 = 10$

$8 + \boxed{} = 10$

③

$\boxed{} + 2 = 10$

$2 + \boxed{} = 10$

⑦

$6 + \boxed{} = 10$

$\boxed{} + 6 = 10$

날짜:	월	일
시간:	분	초
오답 수:		/ 11

🔍 덧셈은 두 수의 순서를 바꾸어 더해도 합은 같습니다.
　 또, 모으기 하여 10이 되는 두 수로 만들 수 있는 합이 10인 덧셈식은 두 개입니다.

📍 **모으기를 하여 10을 만들고, 서로 다른 두 개의 덧셈식을 만들어 보세요.**

8
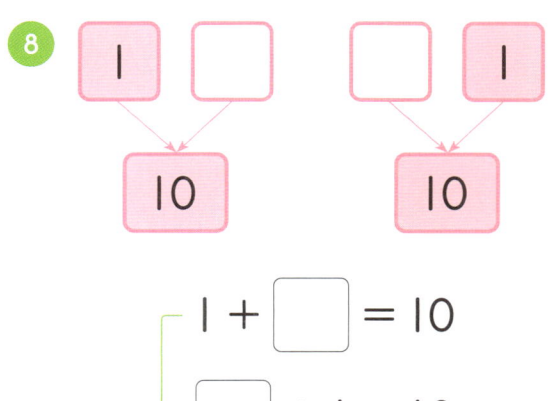

$1 + \boxed{} = 10$

$\boxed{} + 1 = 10$

10
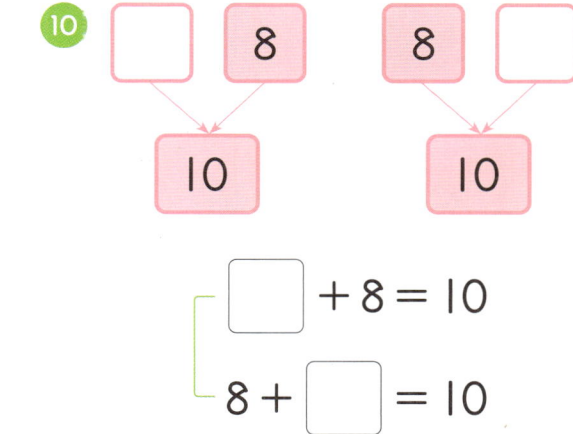

$\boxed{} + 8 = 10$

$8 + \boxed{} = 10$

9
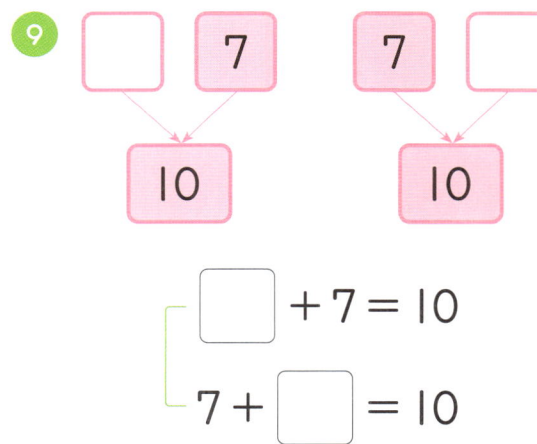

$\boxed{} + 7 = 10$

$7 + \boxed{} = 10$

11
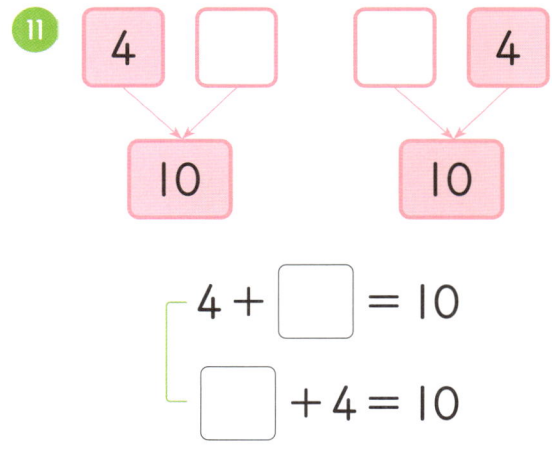

$4 + \boxed{} = 10$

$\boxed{} + 4 = 10$

6. 10을 만들어 더해 보기

학습 목표

① '십몇'과 '10 더하기 몇' 이해하기
② 앞의 두 수를 더해 10을 만들어 세 수의 덧셈 익히기
③ 뒤의 두 수를 더해 10을 만들어 세 수의 덧셈 익히기

앞에서 배운 '합이 10인 덧셈'을 바탕으로 하여, '10을 만들어 더해 보기'를 익힙니다.
'10을 만들어 더해 보기'는 곧 배우게 될 '받아올림이 있는 (몇)+(몇)의 계산'의
기초가 되는 학습입니다.
자, 그럼 '10을 만들어 더해 보기'를 학습해 볼까요?

● **이어 세기로 '10 더하기 몇' 계산하기**

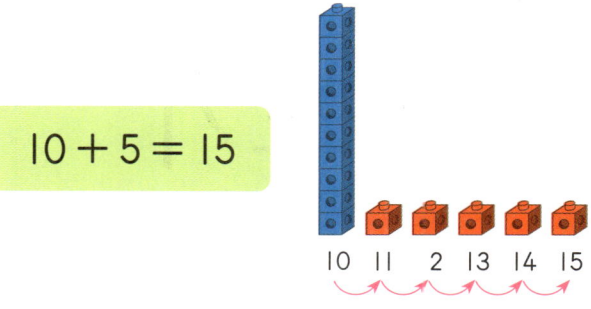

$$10 + 5 = 15$$

10에서 5만큼 이어 세면 11, 12, 13, 14, 15이므로 10+5=15입니다.

● **앞의 두 수를 더해 10을 만들어 더하기**

$$6 + 4 + 3 = 13$$

10

① 합이 10이 되는 앞의 두 수를 먼저 더해 10을 만듭니다.
② 만든 10에 남은 수 3을 더합니다.

● **뒤의 두 수를 더해 10을 만들어 더하기**

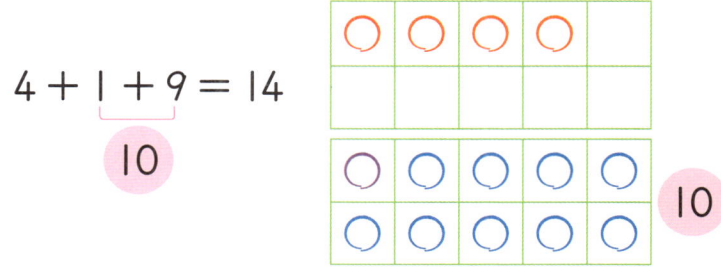

$$4 + 1 + 9 = 14$$

10

① 합이 10이 되는 뒤의 두 수를 먼저 더해 10을 만듭니다.
② 만든 10에 남은 수 4를 더합니다.

십몇 알아보기

📍 **보기** 와 같이, 주어진 수만큼 ◯를 더 그리고 ☐ 안에 알맞은 수를 써넣으세요.

보기

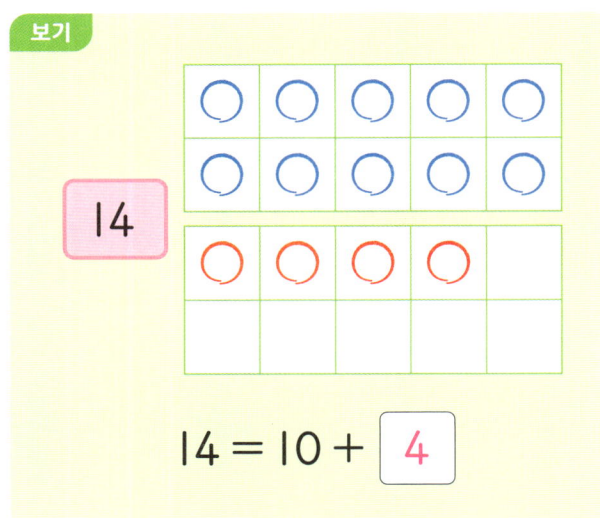

$$14 = 10 + \boxed{4}$$

3

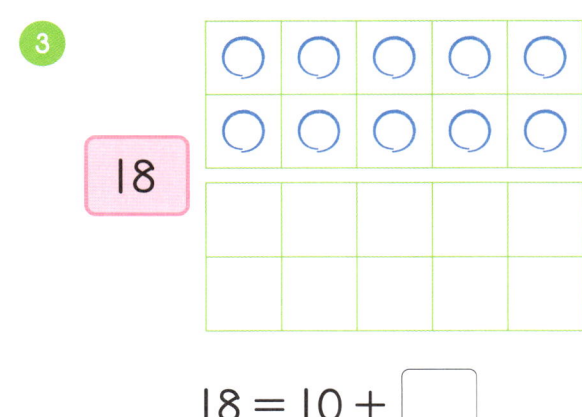

$$18 = 10 + \boxed{}$$

1

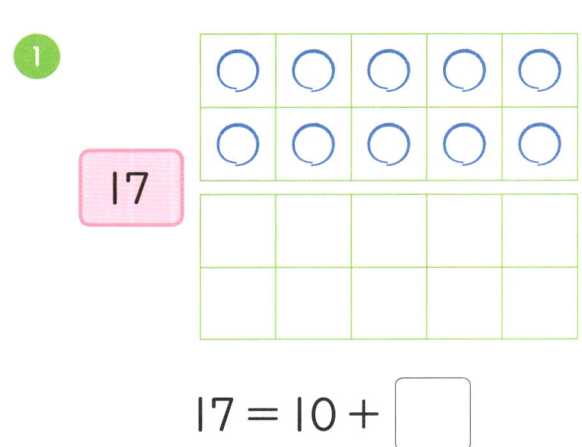

$$17 = 10 + \boxed{}$$

4

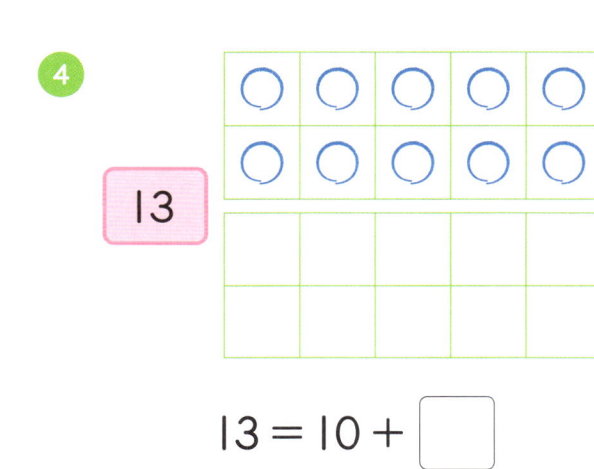

$$13 = 10 + \boxed{}$$

2

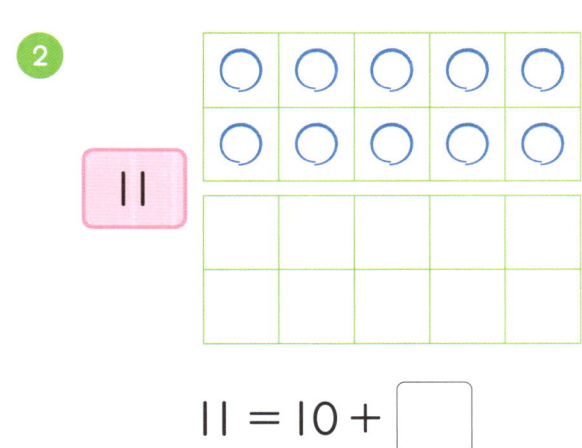

$$11 = 10 + \boxed{}$$

5

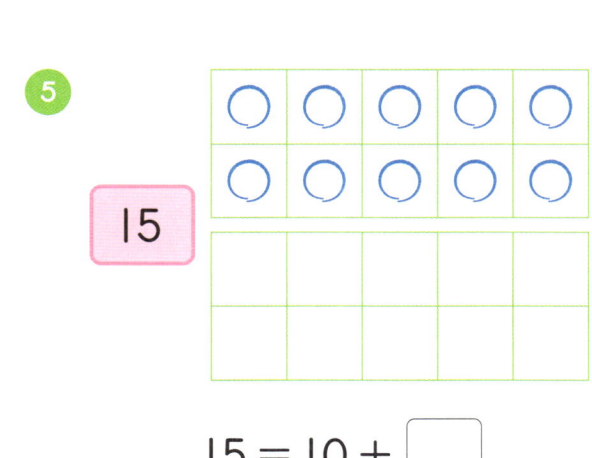

$$15 = 10 + \boxed{}$$

🔍 '십몇'을 '10+몇', '몇+10'으로 나타내는 활동입니다.

6 19

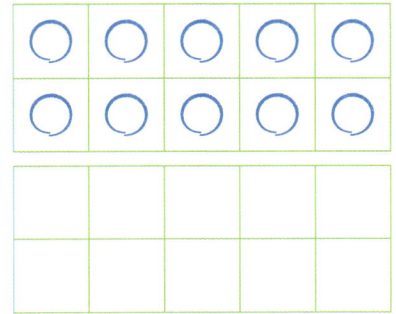

$19 = 10 + \boxed{}$

9 14

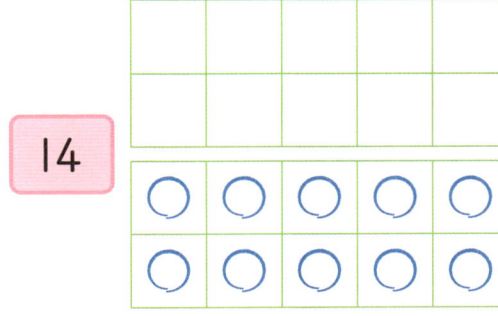

$14 = \boxed{} + 10$

7 12

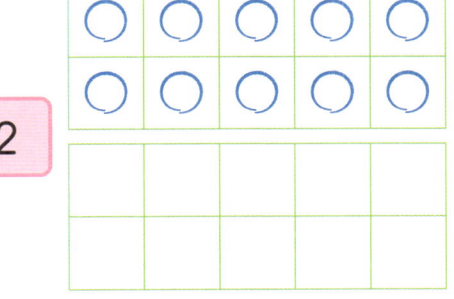

$12 = 10 + \boxed{}$

10 18

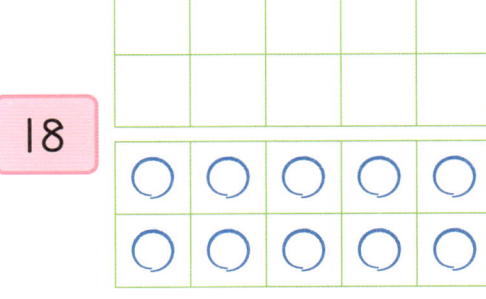

$18 = \boxed{} + 10$

8 16

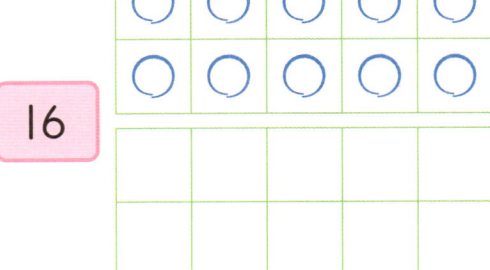

$16 = 10 + \boxed{}$

11 15

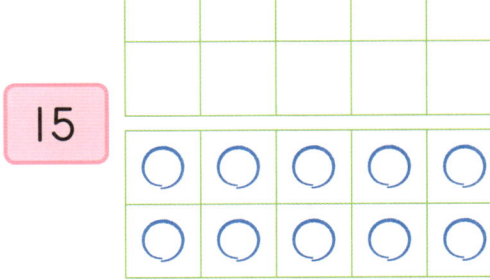

$15 = \boxed{} + 10$

🖊 **보기** 와 같이, 이어 세기로 덧셈을 해 보세요.

보기

$10 + 3 = \boxed{13}$

10에서 3만큼 이어 세면 11, 12, 13이므로 10+3=13입니다.

3 $10 + 8 = \boxed{}$

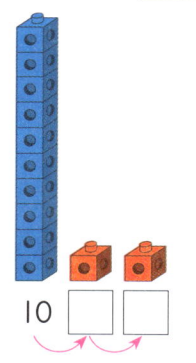

1 $10 + 5 = \boxed{}$

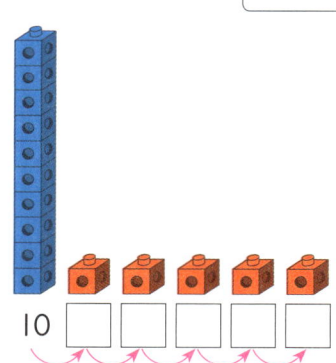

4 $10 + 2 = \boxed{}$

2 $10 + 7 = \boxed{}$

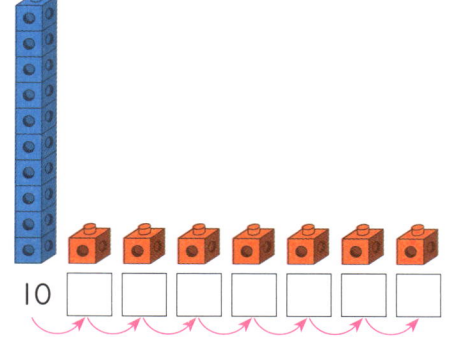

5 $10 + 6 = \boxed{}$

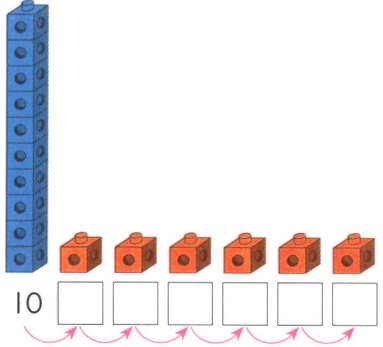

🔍 10부터 이어 세기를 하여 합을 써 봅니다.

6　　$10 + 1 = \boxed{}$

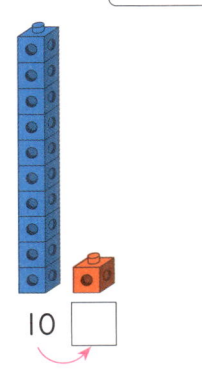

10 □

9　　$10 + 6 = \boxed{}$

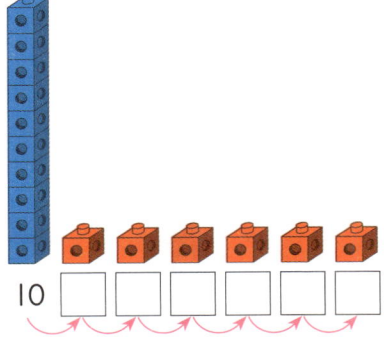

10 □ □ □ □ □ □

7　　$10 + 9 = \boxed{}$

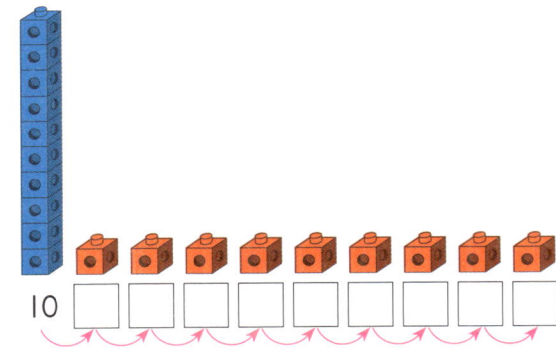

10 □ □ □ □ □ □ □ □ □

10　　$10 + 3 = \boxed{}$

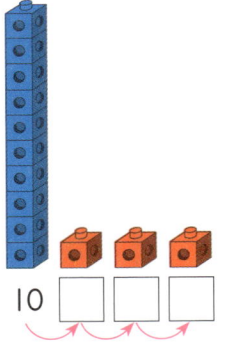

10 □ □ □

8　　$10 + 4 = \boxed{}$

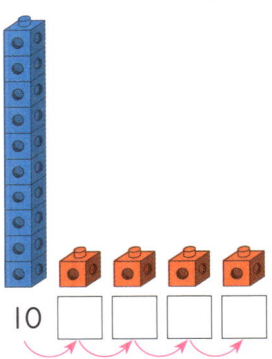

10 □ □ □ □

11　　$10 + 7 = \boxed{}$

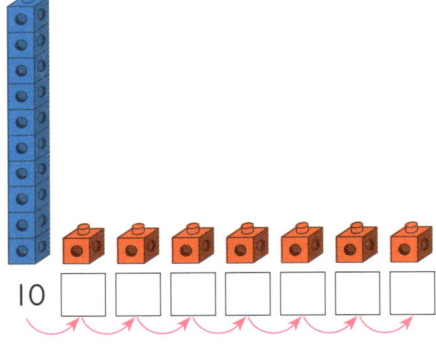

10 □ □ □ □ □ □ □

보기 와 같이, 빈칸에 알맞은 수를 써넣고 덧셈식을 완성해 보세요.

보기

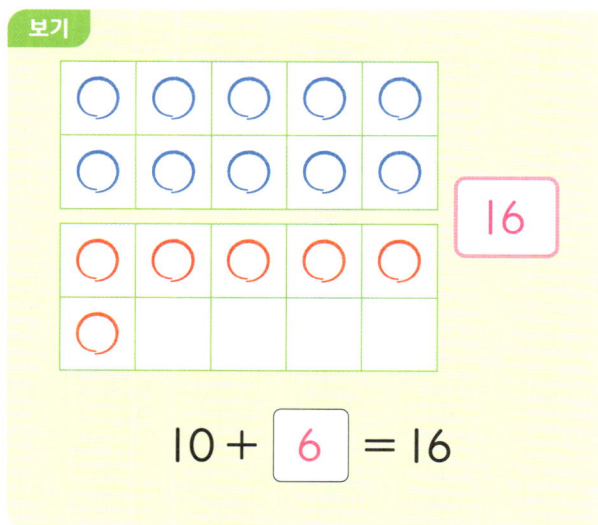

$10 + \boxed{6} = 16$

3

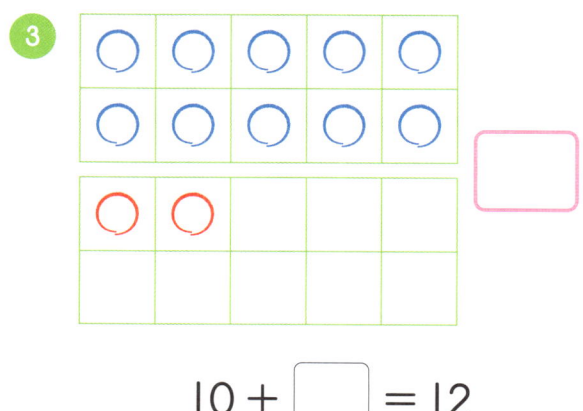

$10 + \boxed{} = 12$

1

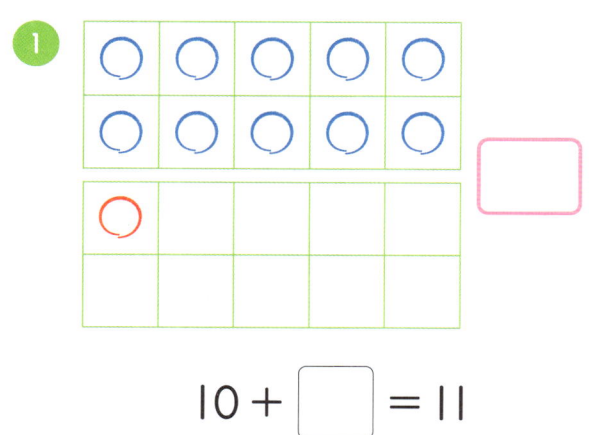

$10 + \boxed{} = 11$

4

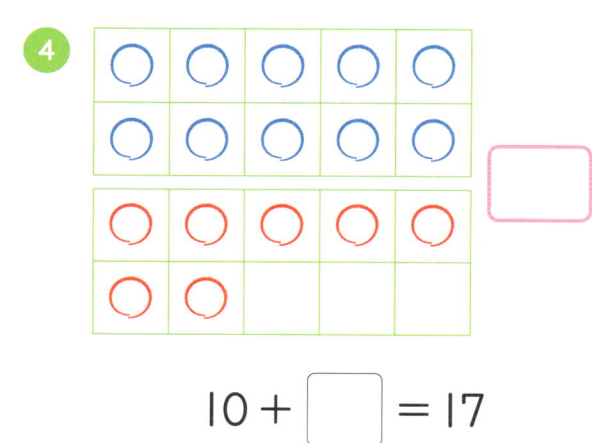

$10 + \boxed{} = 17$

2

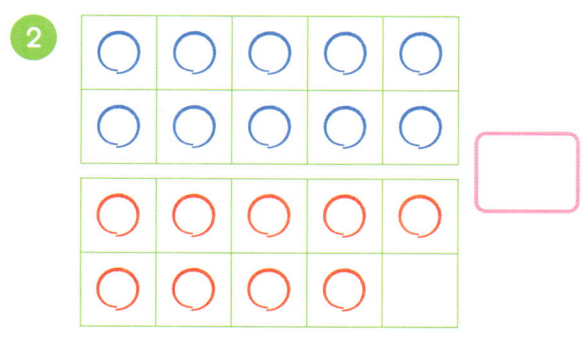

$10 + \boxed{} = 19$

5

$10 + \boxed{} = 13$

🔍 '10+몇=십몇', '몇+10=십몇'으로 나타내는 활동은 곧 배우게 될
'받아올림이 있는 (몇)+(몇)의 계산'의 기초가 되는 학습입니다.

6

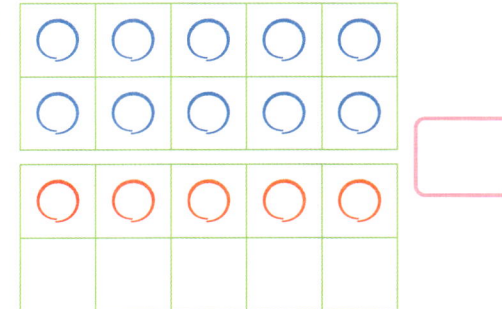

$10 + \boxed{} = 15$

9

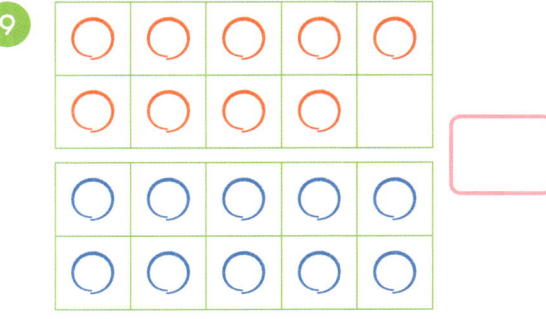

$\boxed{} + 10 = 19$

7

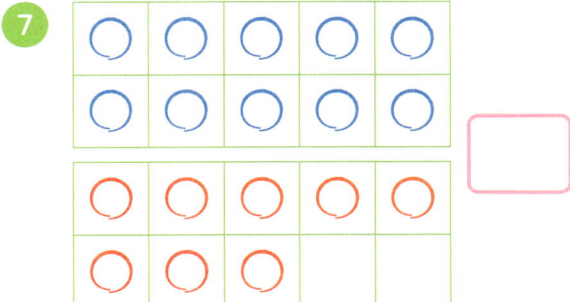

$10 + \boxed{} = 18$

10

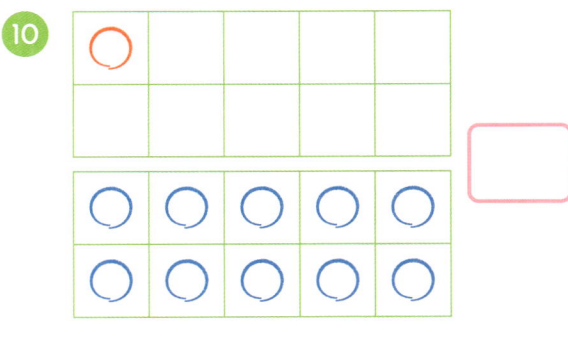

$\boxed{} + 10 = 11$

8

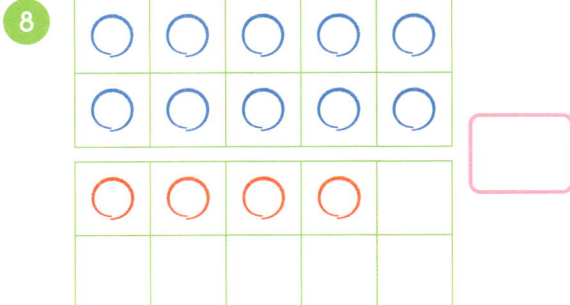

$10 + \boxed{} = 14$

11

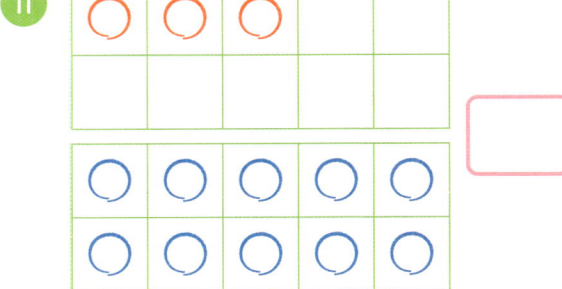

$\boxed{} + 10 = 13$

앞의 두 수를 더해 10을 만들어 더하기

🔖 보기 와 같이, 덧셈식에 맞게 ○를 더 그리고 덧셈을 해 보세요.

보기

$2 + 8 + 5 =$ 15

10

10

합이 10이 되는 앞의
두 수를 먼저 더해 10을
만들고, 남은 수 5를 더하면
15입니다.

1

$9 + 1 + 3 =$

10

10

2

$4 + 6 + 8 =$

10

10

3

$7 + 3 + 2 =$

10

10

🔍 합이 10이 되는 앞의 두 수를 먼저 더해 10을 만들고 남은 수를 더합니다.

4

$6 + 4 + 1 = \boxed{}$

10

10

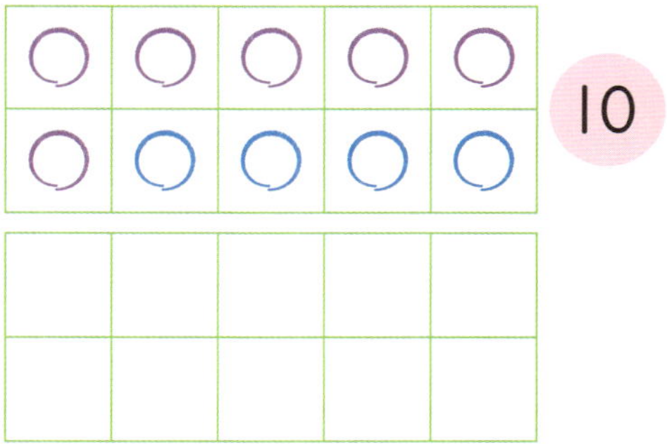

5

$1 + 9 + 7 = \boxed{}$

10

10

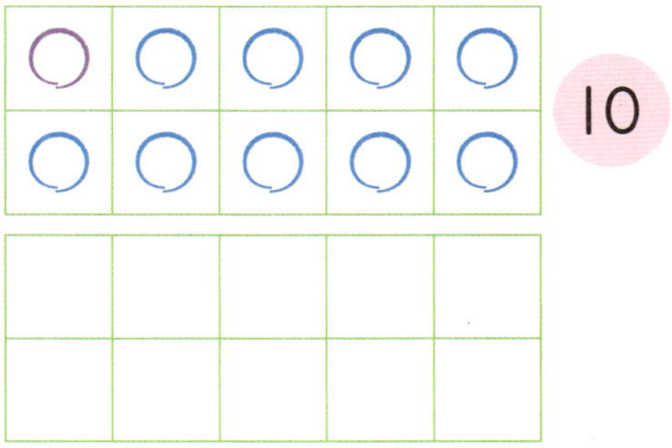

6

$8 + 2 + 6 = \boxed{}$

10

10

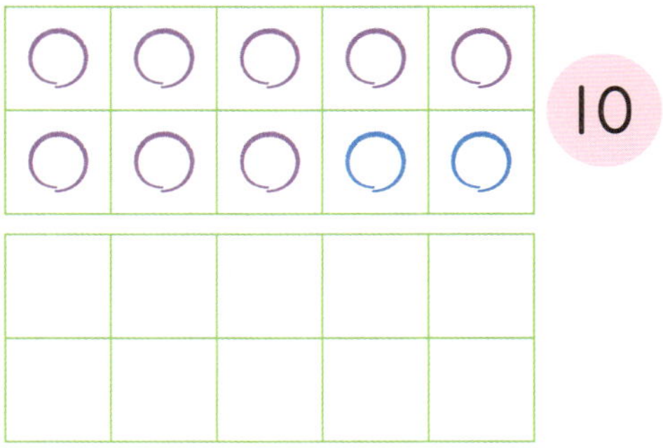

7

$3 + 7 + 4 = \boxed{}$

10

10

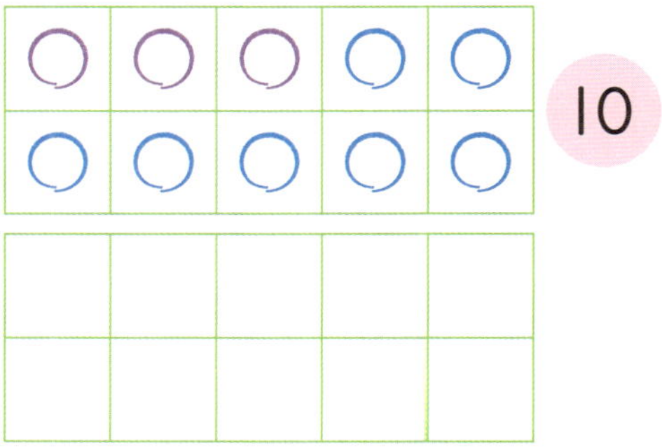

✏️ **보기** 와 같이, 덧셈식에 맞게 ◯를 더 그리고 덧셈을 해 보세요.

보기

$8 + 3 + 7 = \boxed{18}$

10

합이 10이 되는 뒤의 두 수를 먼저 더해 10을 만들고, 남은 수 8을 더하면 18입니다.

① $4 + 8 + 2 = \boxed{}$

10

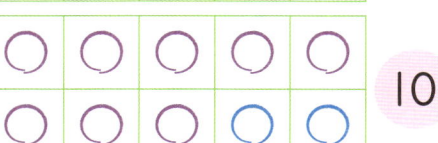

② $2 + 5 + 5 = \boxed{}$

10

③ $7 + 6 + 4 = \boxed{}$

10

🔍 합이 10이 되는 뒤의 두 수를 먼저 더해 10을 만들고 남은 수를 더합니다.

4

$6 + 2 + 8 = \boxed{}$

10

10

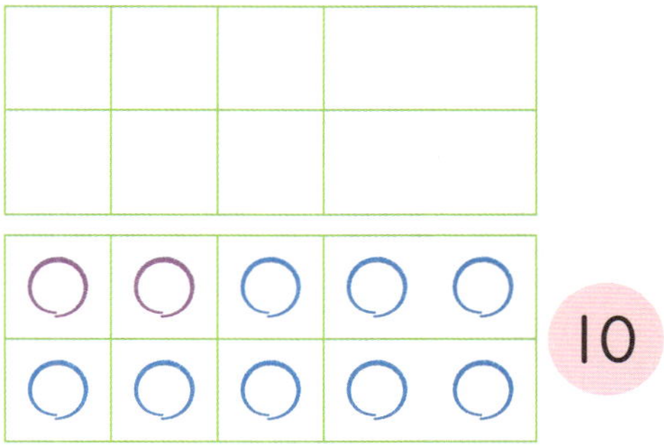

5

$3 + 9 + 1 = \boxed{}$

10

10

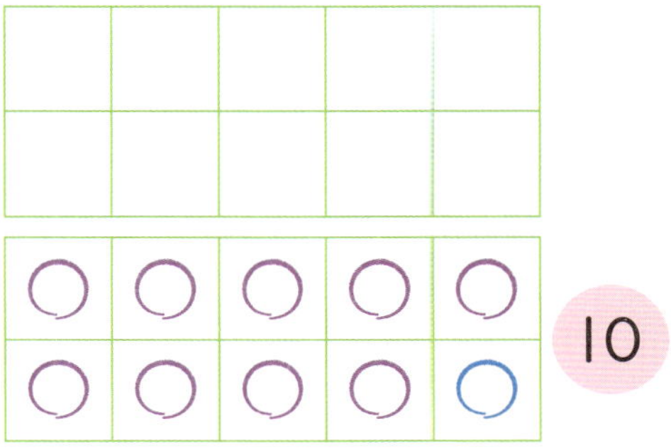

6

$5 + 7 + 3 = \boxed{}$

10

10

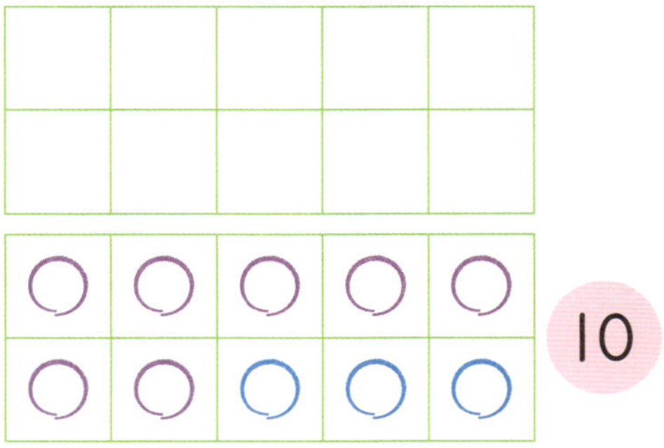

7

$9 + 4 + 6 = \boxed{}$

10

10

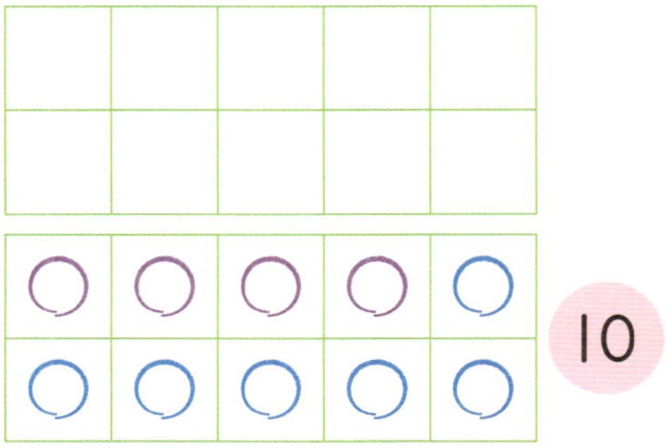

7. 받아올림이 있는 (몇)+(몇) 알아보기

학습 목표

① 이어 세기로 받아올림이 있는 (몇)+(몇) 이해하기
② 십 배열판으로 받아올림이 있는 (몇)+(몇) 이해하기
③ 수 모으기로 받아올림이 있는 (몇)+(몇) 이해하기

앞에서 배운 '10을 만들어 더해 보기'를 바탕으로 하여, '받아올림이 있는 (몇)+(몇)'의 덧셈 상황을 이해하고 덧셈을 익힙니다. '받아올림이 있는 (몇)+(몇) 알아보기'는 바로 배우게 될 '받아올림이 있는 (몇)+(몇)의 계산'의 기초가 되는 학습입니다.
자, 그럼 '받아올림이 있는 (몇)+(몇) 알아보기'를 학습해 볼까요?

● 받아올림이 있는 (몇)+(몇) 알아보기

$6 + 9$

방법1 이어 세기로 더하기

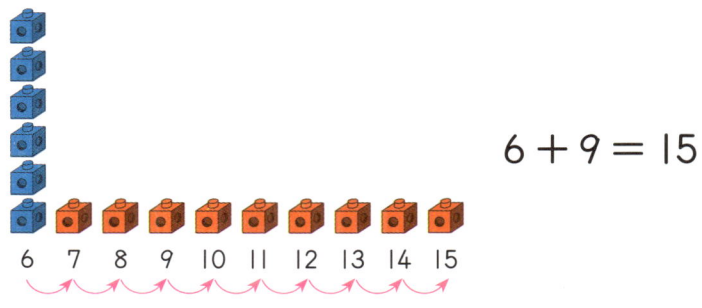

$6 + 9 = 15$

6에서 9만큼 이어 세면 7, 8, 9, 10, 11, 12, 13, 14, 15이므로 동물은 모두 6+9=15(마리)입니다.

방법2 십 배열판으로 더하기

$6 + 9 = 15$

○ 6개를 그리고 이어서 ○ 4개를 그려 10을 만들고, 남은 5개를 더 그리면 모두 15개가 되므로 동물은 모두 6+9=15(마리)입니다.

방법3 수 모으기로 더하기

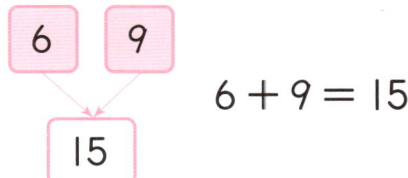

$6 + 9 = 15$

6에서 9만큼 이어 세면 7, 8, 9, 10, 11, 12, 13, 14, 15이므로, 6과 9를 모으기 하면 15입니다. 따라서 동물은 모두 6+9=15(마리)입니다.

이어 세기로 더하기 ①

📍 **보기** 와 같이, 이어 세기로 덧셈을 해 보세요.

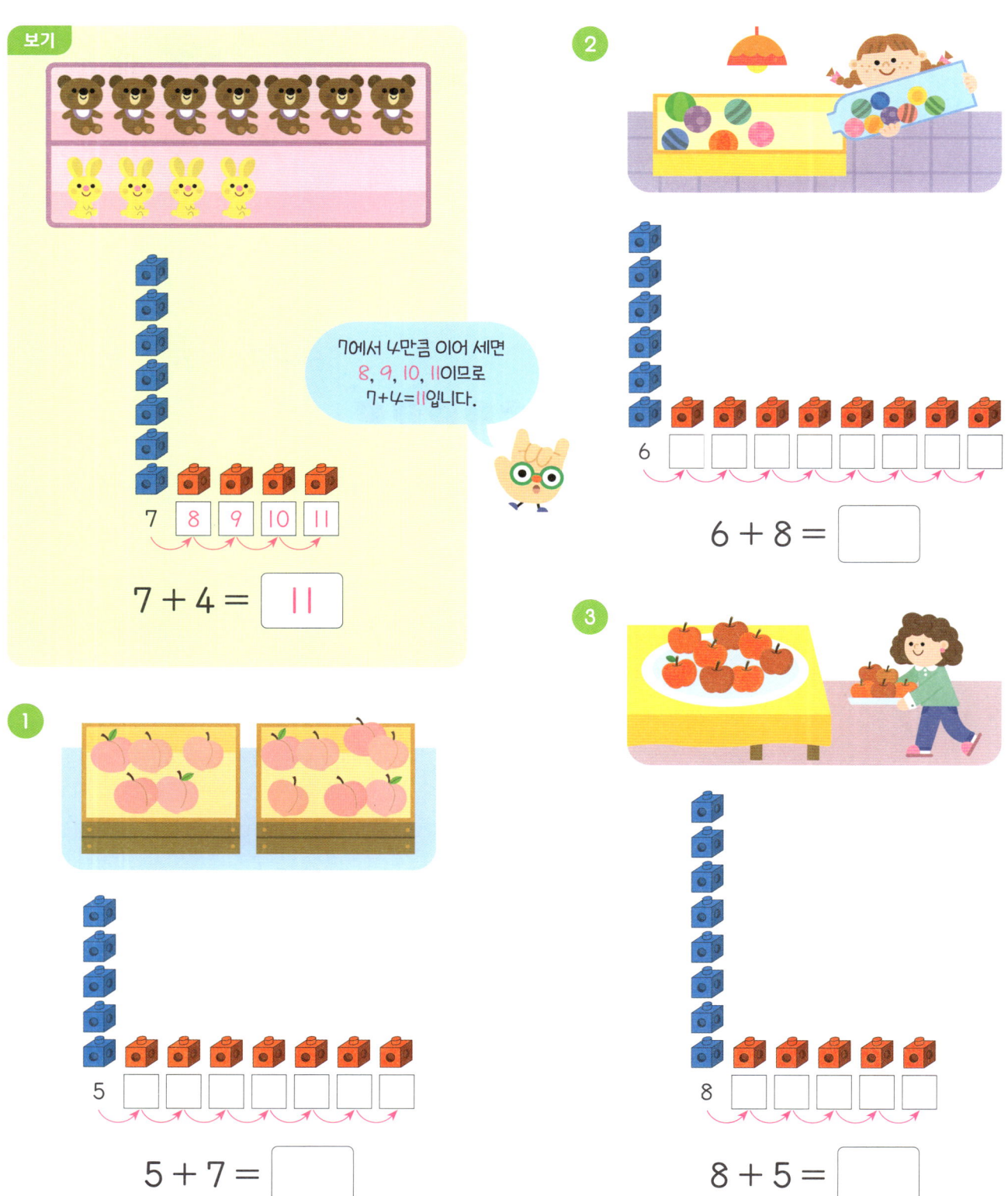

보기

7에서 4만큼 이어 세면
8, 9, 10, 11이므로
7+4=11입니다.

7 | 8 | 9 | 10 | 11

$$7 + 4 = 11$$

1

5 | | | | | | |

$$5 + 7 = \boxed{}$$

2

6 | | | | | | | |

$$6 + 8 = \boxed{}$$

3

8 | | | | |

$$8 + 5 = \boxed{}$$

🔍 더해지는 수에 이어서, 이어 세기를 하여 합을 써 봅니다.

④ 7 + 5 = ☐

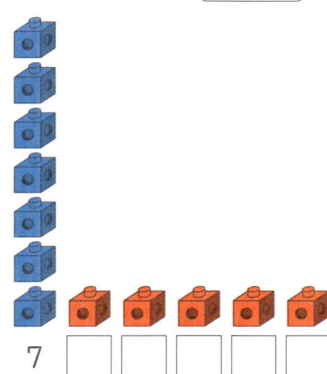

7 ☐ ☐ ☐ ☐ ☐

⑤ 6 + 7 = ☐

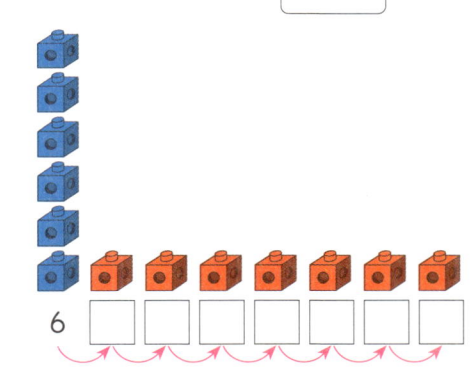

6 ☐ ☐ ☐ ☐ ☐ ☐ ☐

⑥ 8 + 4 = ☐

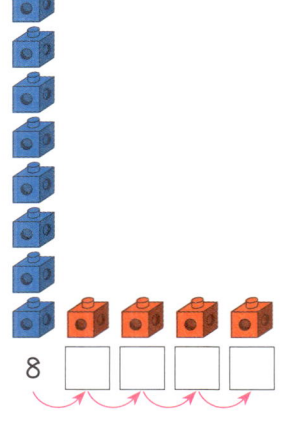

8 ☐ ☐ ☐ ☐

⑦ 3 + 8 = ☐

3 ☐ ☐ ☐ ☐ ☐ ☐ ☐ ☐

⑧ 8 + 9 = ☐

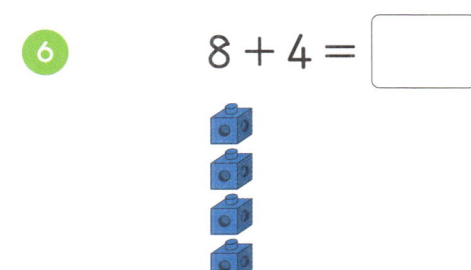

8 ☐ ☐ ☐ ☐ ☐ ☐ ☐ ☐ ☐

⑨ 9 + 6 = ☐

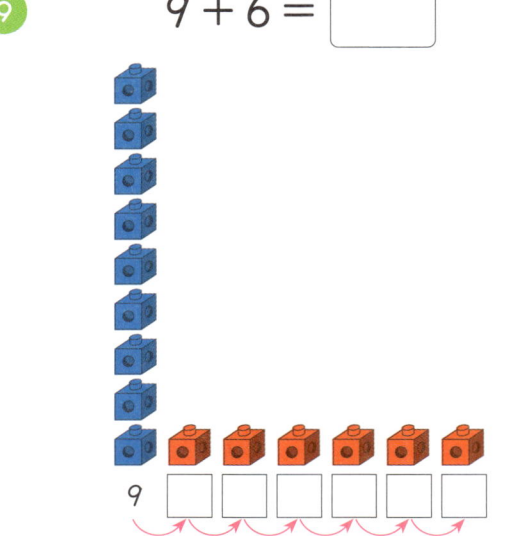

9 ☐ ☐ ☐ ☐ ☐ ☐

이어 세기로 더하기 ②

보기 와 같이, 덧셈식에 맞게 화살표를 그리고 덧셈을 해 보세요.

보기

9 10 11 12 13 14 15 16 17 18

$$9 + 5 = \boxed{14}$$

9에서 5만큼 이어 세면
10, 11, 12, 13, 14이므로
9+5=14입니다.

②

6 7 8 9 10 11 12 13 14 15

$$6 + 5 = \boxed{}$$

①

6 7 8 9 10 11 12 13 14 15

$$6 + 7 = \boxed{}$$

③

8 9 10 11 12 13 14 15 16 17

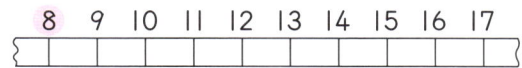

$$8 + 4 = \boxed{}$$

날짜:	월	일
시간:	분	초
오답 수:		/ 13

🔍 덧셈식에 맞게 더하는 수만큼 화살표를 그렸을 때, 화살표가 마지막으로 도착한 위치가 덧셈식의 합입니다.

④ 7 + 4 = ☐

7 8 9 10 11 12 13 14 15 16

⑨ 9 + 3 = ☐

9 10 11 12 13 14 15 16 17 18

⑤ 8 + 7 = ☐

8 9 10 11 12 13 14 15 16 17

⑩ 5 + 6 = ☐

5 6 7 8 9 10 11 12 13 14

⑥ 2 + 9 = ☐

2 3 4 5 6 7 8 9 10 11

⑪ 8 + 8 = ☐

8 9 10 11 12 13 14 15 16 17

⑦ 7 + 5 = ☐

7 8 9 10 11 12 13 14 15 16

⑫ 5 + 9 = ☐

5 6 7 8 9 10 11 12 13 14

⑧ 4 + 9 = ☐

4 5 6 7 8 9 10 11 12 13

⑬ 9 + 8 = ☐

9 10 11 12 13 14 15 16 17 18

🔵 보기 와 같이, 덧셈식에 맞게 ⭕를 더 그리고 덧셈을 해 보세요.

보기

💬 ⭕ 2개를 그려서 10을 만들고, 남은 4개를 더 그리면 모두 14개가 되므로 8+6=14입니다.

$8 + 6 = \boxed{14}$

2

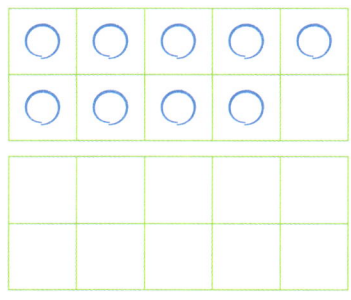

$9 + 4 = \boxed{}$

1

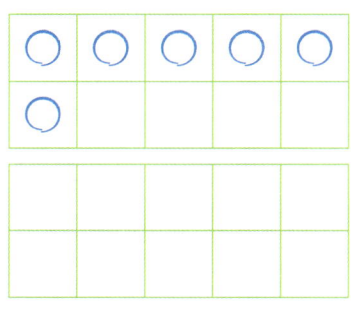

$6 + 5 = \boxed{}$

3

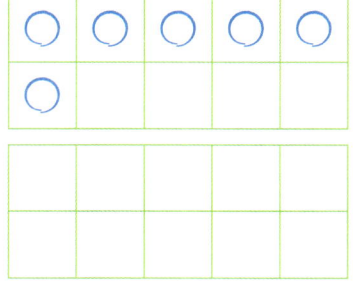

$6 + 6 = \boxed{}$

🔍 덧셈식에 맞게 더하는 수만큼 ○를 더 그렸을 때, 전체 ○의 개수가
덧셈식의 합을 나타냅니다.

4 $7 + 8 = \boxed{}$

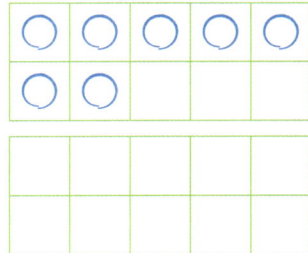

7 $9 + 7 = \boxed{}$

10 $5 + 8 = \boxed{}$

5 $9 + 2 = \boxed{}$

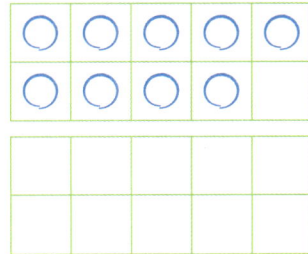

8 $7 + 6 = \boxed{}$

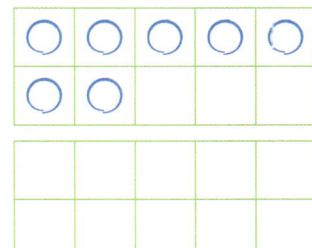

11 $9 + 9 = \boxed{}$

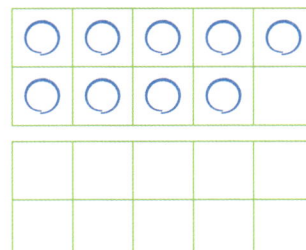

6 $7 + 7 = \boxed{}$

9 $4 + 8 = \boxed{}$

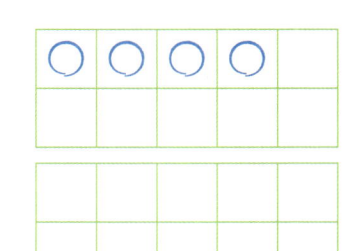

12 $4 + 7 = \boxed{}$

이어 세기로 두 수를 모으기

보기 와 같이, 빈칸에 알맞은 수만큼 ◯를 그리고 알맞은 수를 써넣으세요.

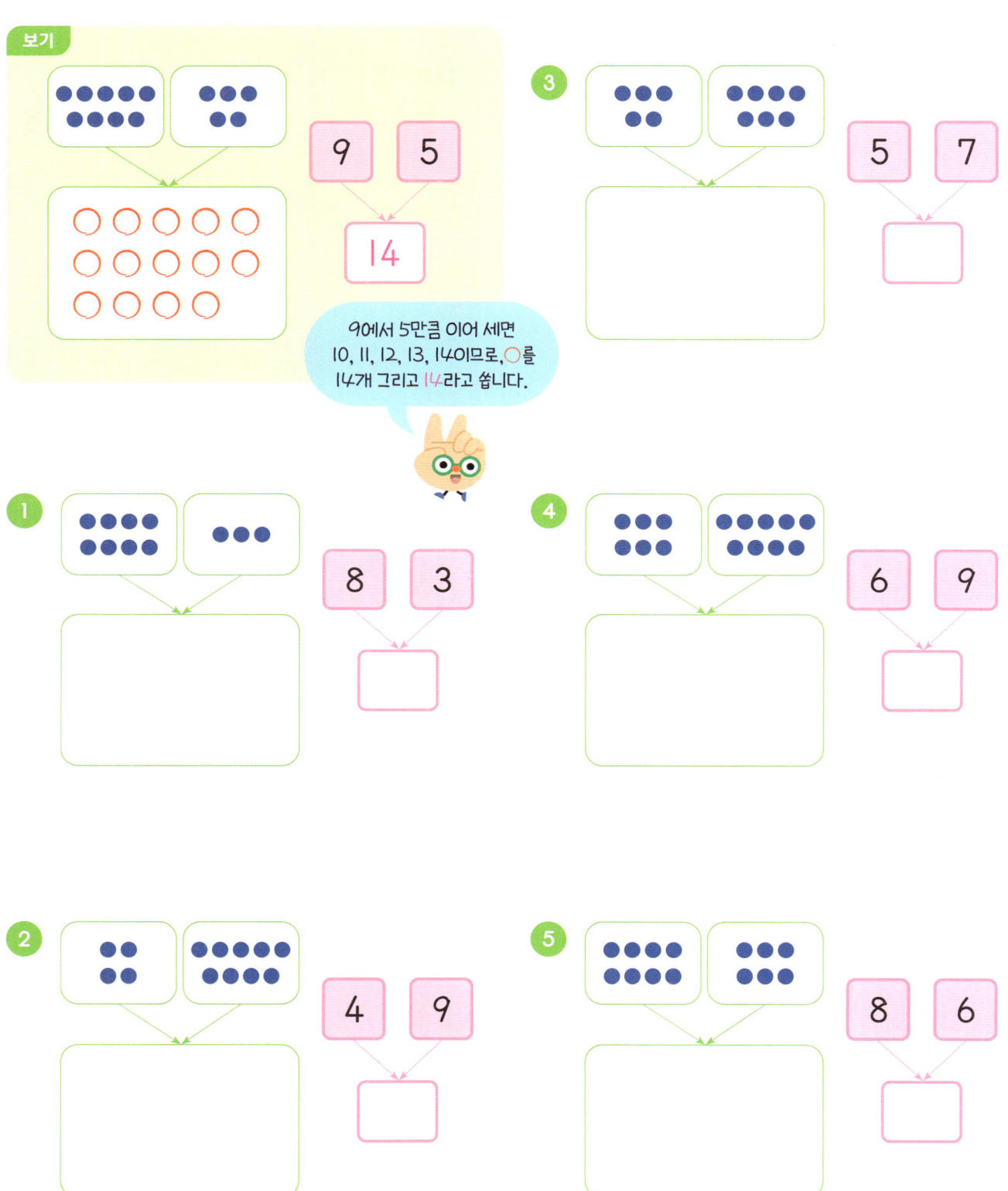

9에서 5만큼 이어 세면
10, 11, 12, 13, 14이므로, ◯를
14개 그리고 14라고 씁니다.

🔍 왼쪽의 수에 이어서, 이어 세기를 하여 두 수를 모으기 합니다.

✏️ 보기 와 같이, 모으기를 해 보세요.

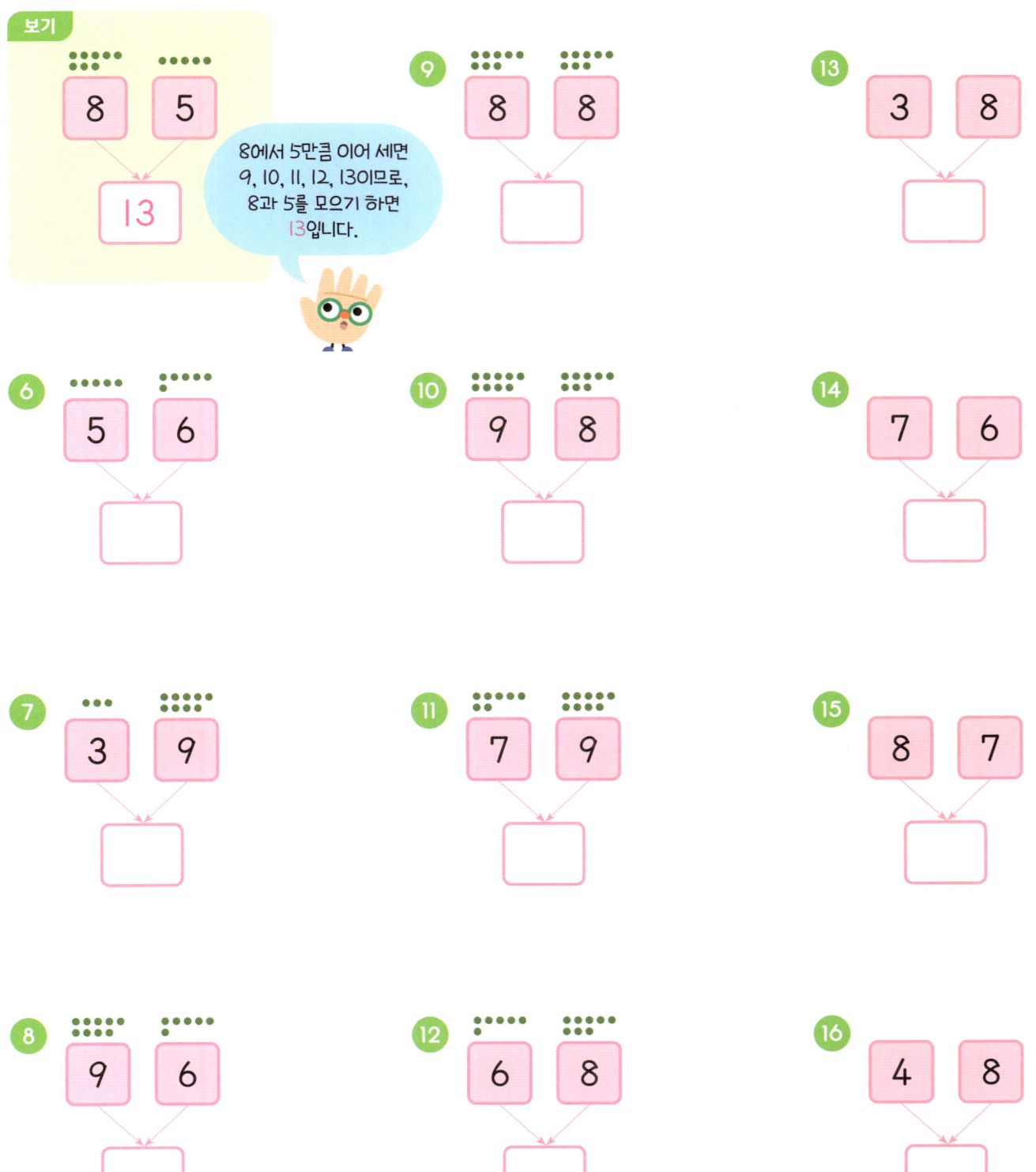

보기

8에서 5만큼 이어 세면
9, 10, 11, 12, 13이므로,
8과 5를 모으기 하면
13입니다.

5 일차 수 모으기로 더하기

📍 보기 와 같이, 수 모으기를 하고 덧셈을 해 보세요.

보기

5 8

13

5와 8을 모으기 하면 13이므로 5+8=13입니다.

5 + 8 = 13

2

9 3

9 + 3 = ☐

1

7 7

7 + 7 = ☐

3

4 7

4 + 7 = ☐

🔍 두 수를 모으기 한 수는 덧셈식의 합과 같습니다.

4 $7 + 6 =$ ☐

| 7 | 6 |

☐

5 $9 + 7 =$ ☐

| 9 | 7 |

☐

6 $2 + 9 =$ ☐

| 2 | 9 |

☐

7 $9 + 9 =$ ☐

| 9 | 9 |

☐

8 $3 + 9 =$ ☐

| 3 | 9 |

☐

9 $7 + 8 =$ ☐

| 7 | 8 |

☐

10 $8 + 3 =$ ☐

| 8 | 3 |

☐

11 $6 + 6 =$ ☐

| 6 | 6 |

☐

12 $5 + 9 =$ ☐

| 5 | 9 |

☐

8. 받아올림이 있는 (몇)+(몇)의 계산

학습 목표

① 더하는 수를 가르기 하여 받아올림이 있는 (몇)+(몇) 계산하기
② 더해지는 수를 가르기 하여 받아올림이 있는 (몇)+(몇) 계산하기

앞에서 배운 '받아올림이 있는 (몇)+(몇) 알아보기'를 바탕으로 하여, '받아올림이 있는 (몇)+(몇)'의 계산 원리를 이해하고 계산할 수 있도록 합니다. '받아올림이 있는 (몇)+(몇)의 계산'은 아주 중요한 학습입니다. 반복 학습을 통해 빠르고 정확하게 계산할 수 있도록 연습합니다. 자, 그럼 '받아올림이 있는 (몇)+(몇)의 계산'을 학습해 볼까요?

개념 다잡기

● 받아올림이 있는 (몇)+(몇)의 계산

$9+7$

방법1 더하는 수 7을 가르기 하여 계산하기

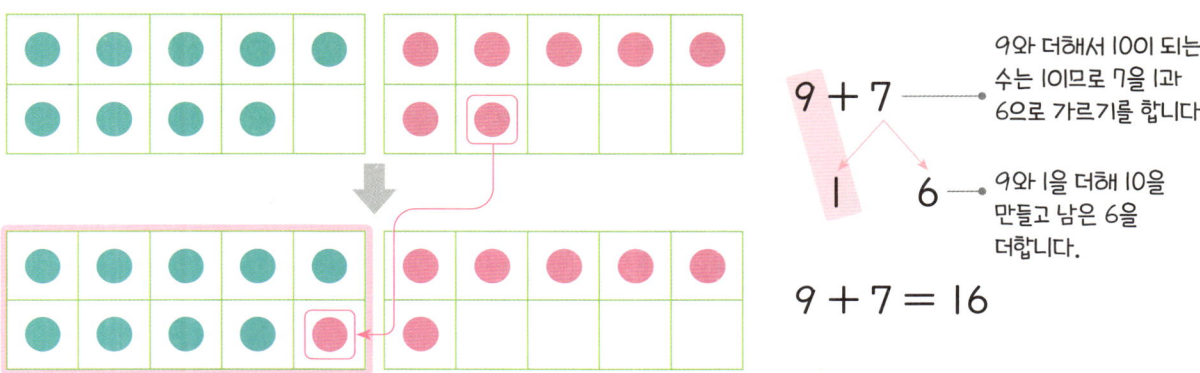

오른쪽 칸에서 ●를 1만큼 옮겨 10을 만듭니다.

9와 더해서 10이 되는 수는 1이므로 7을 1과 6으로 가르기를 합니다.

9와 1을 더해 10을 만들고 남은 6을 더합니다.

$9 + 7 = 16$

기린은 모두 9+7=16(마리)입니다.

방법2 더해지는 수 9를 가르기 하여 계산하기

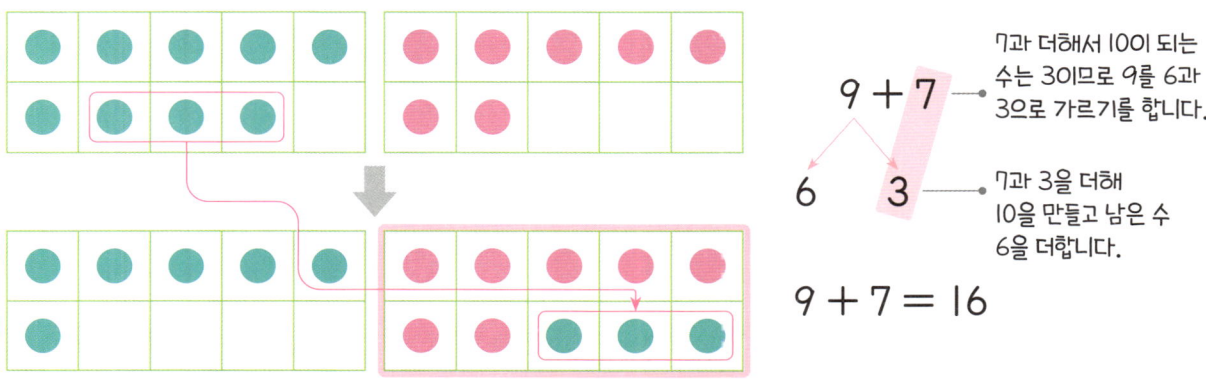

왼쪽 칸에서 ●를 3만큼 옮겨 10을 만듭니다.

7과 더해서 10이 되는 수는 3이므로 9를 6과 3으로 가르기를 합니다.

7과 3을 더해 10을 만들고 남은 수 6을 더합니다.

$9 + 7 = 16$

기린은 모두 9+7=16(마리)입니다.

더하는 수를 가르기 하여 더하기 ①

📍 **보기** 와 같이, 그림을 보고 ☐ 안에 알맞은 수를 써넣으세요.

보기

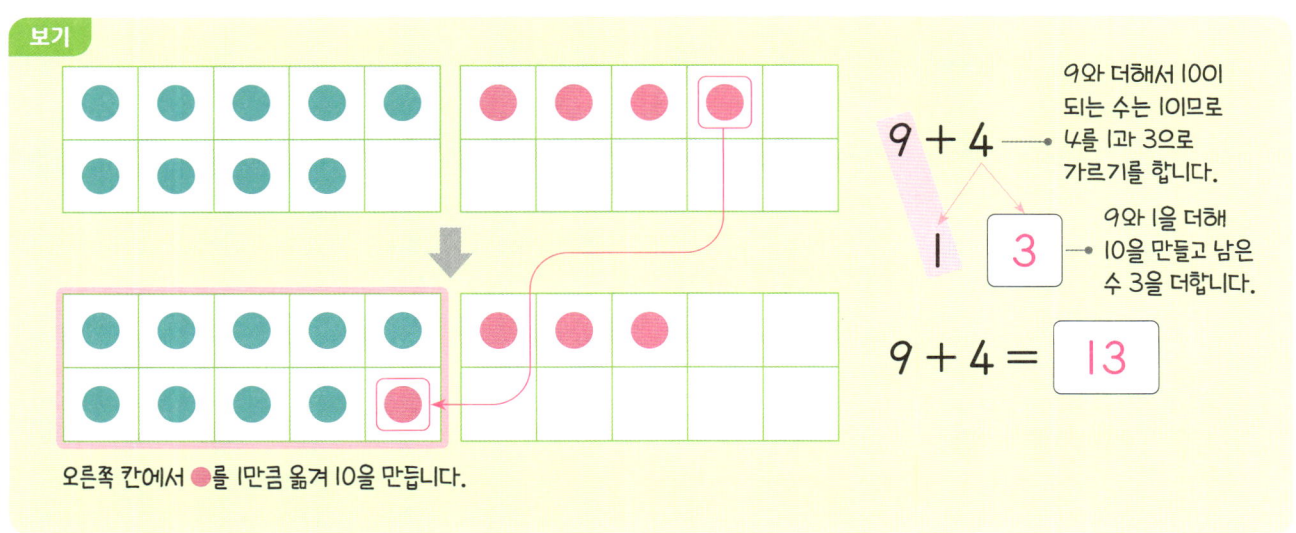

9와 더해서 10이 되는 수는 1이므로 4를 1과 3으로 가르기를 합니다.

9 + 4

1   3 → 9와 1을 더해 10을 만들고 남은 수 3을 더합니다.

$9 + 4 = 13$

오른쪽 칸에서 ●를 1만큼 옮겨 10을 만듭니다.

①

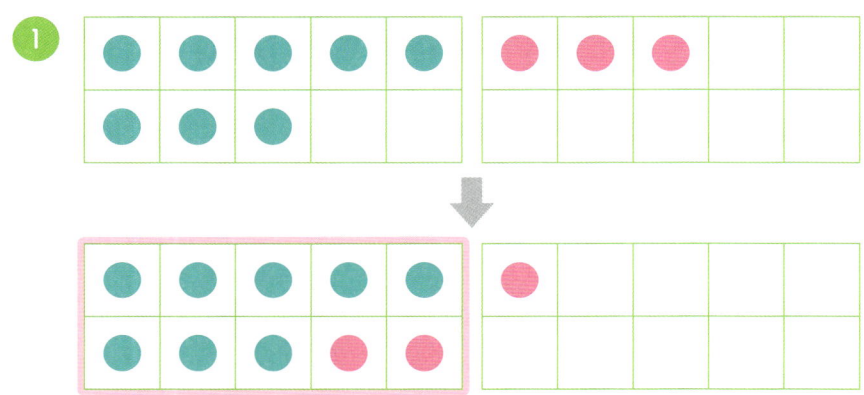

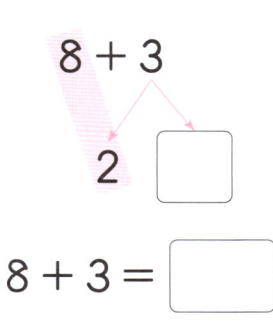

8 + 3

2   ☐

$8 + 3 = \boxed{}$

②

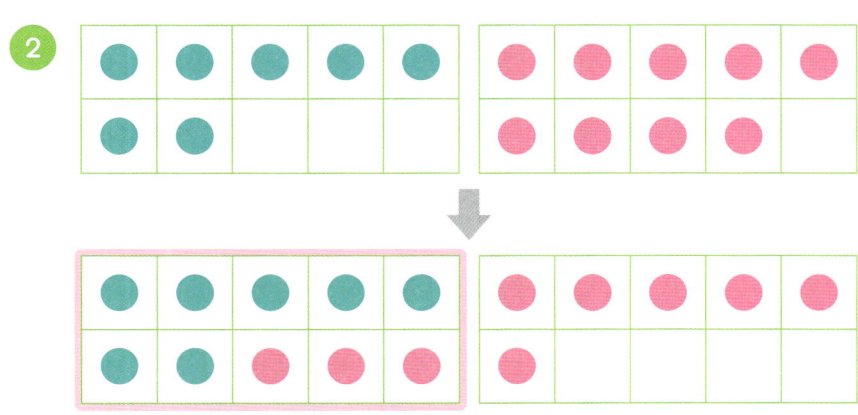

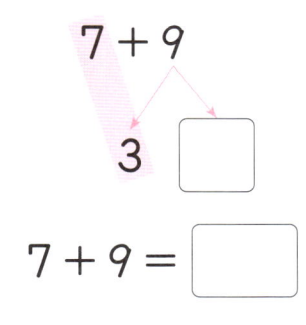

7 + 9

3   ☐

$7 + 9 = \boxed{}$

🔍 더해지는 수를 10으로 만들기 위해서 더하는 수를 가르기 하여 계산합니다.

③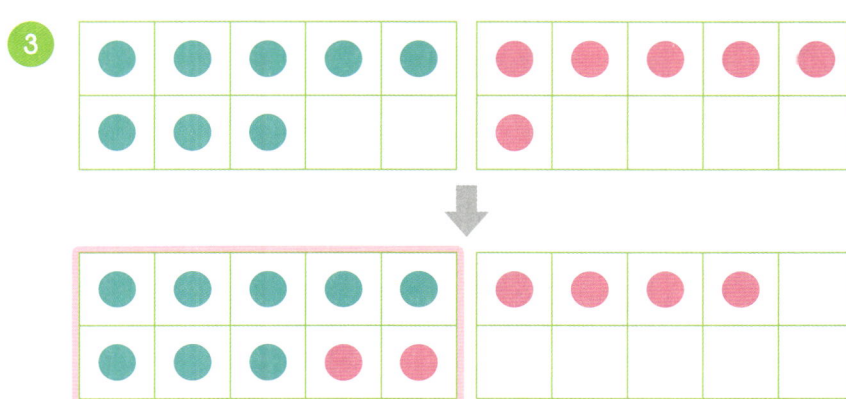

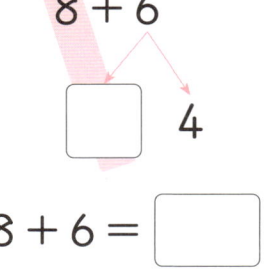

$8 + 6 =$ ⬜

④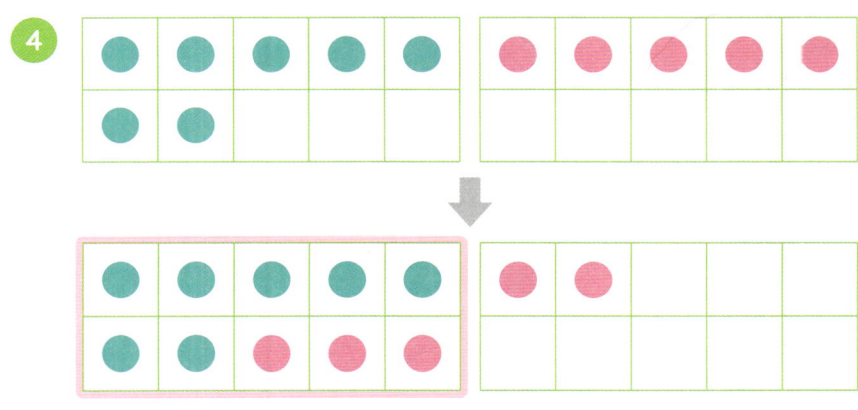

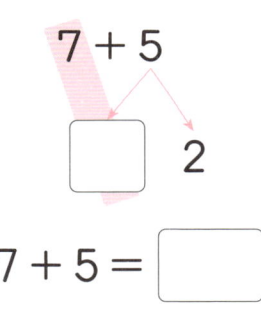

$7 + 5 =$ ⬜

⑤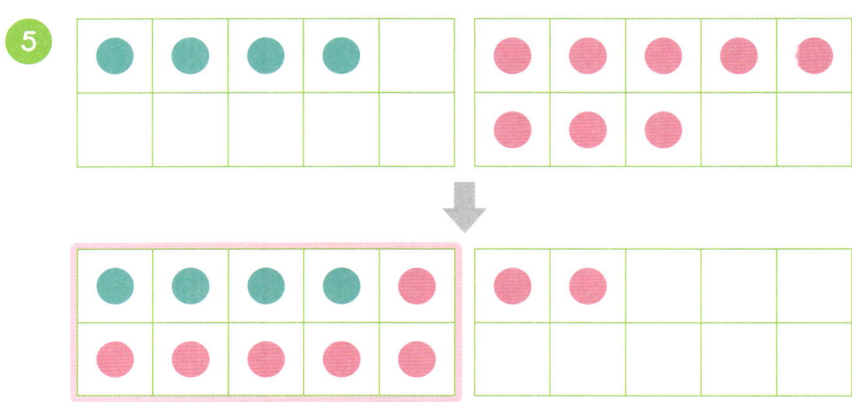

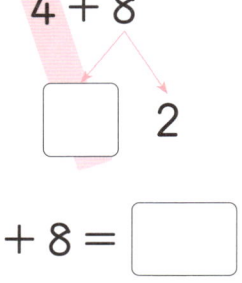

$4 + 8 =$ ⬜

더하는 수를 가르기 하여 더하기 ②

📎 보기 와 같이, ☐ 안에 알맞은 수를 써넣으세요.

보기

$9 + 2 = \boxed{11}$

$1 \quad \boxed{1}$

9에 1을 더하면 10이므로
2를 1과 1로 가르기 하여
계산합니다.

④ $6 + 7 = \boxed{}$

$4 \quad \boxed{}$

⑧ $9 + 8 = \boxed{}$

$1 \quad \boxed{}$

① $8 + 7 = \boxed{}$

$2 \quad \boxed{}$

⑤ $3 + 9 = \boxed{}$

$7 \quad \boxed{}$

⑨ $7 + 4 = \boxed{}$

$3 \quad \boxed{}$

② $7 + 6 = \boxed{}$

$3 \quad \boxed{}$

⑥ $6 + 8 = \boxed{}$

$4 \quad \boxed{}$

⑩ $3 + 8 = \boxed{}$

$7 \quad \boxed{}$

③ $9 + 5 = \boxed{}$

$1 \quad \boxed{}$

⑦ $5 + 6 = \boxed{}$

$5 \quad \boxed{}$

⑪ $6 + 9 = \boxed{}$

$4 \quad \boxed{}$

🔍 더해지는 수에 몇을 더하면 10이 되는지 생각하며, 더하는 수를 가르기 하여 계산합니다.

⑫ $6 + 5 = \boxed{}$

$\boxed{}\quad 1$

⑯ $5 + 8 = \boxed{}$

$\boxed{}\quad 3$

⑳ $9 + 6 = \boxed{}$

$\boxed{}\quad 5$

⑬ $9 + 7 = \boxed{}$

$\boxed{}\quad 6$

⑰ $2 + 9 = \boxed{}$

$\boxed{}\quad 1$

㉑ $7 + 7 = \boxed{}$

$\boxed{}\quad 4$

⑭ $8 + 4 = \boxed{}$

$\boxed{}\quad 2$

⑱ $4 + 7 = \boxed{}$

$\boxed{}\quad 1$

㉒ $5 + 9 = \boxed{}$

$\boxed{}\quad 4$

⑮ $9 + 3 = \boxed{}$

$\boxed{}\quad 2$

⑲ $7 + 8 = \boxed{}$

$\boxed{}\quad 5$

㉓ $6 + 6 = \boxed{}$

$\boxed{}\quad 2$

📍 보기 와 같이, 그림을 보고 ☐ 안에 알맞은 수를 써넣으세요.

보기

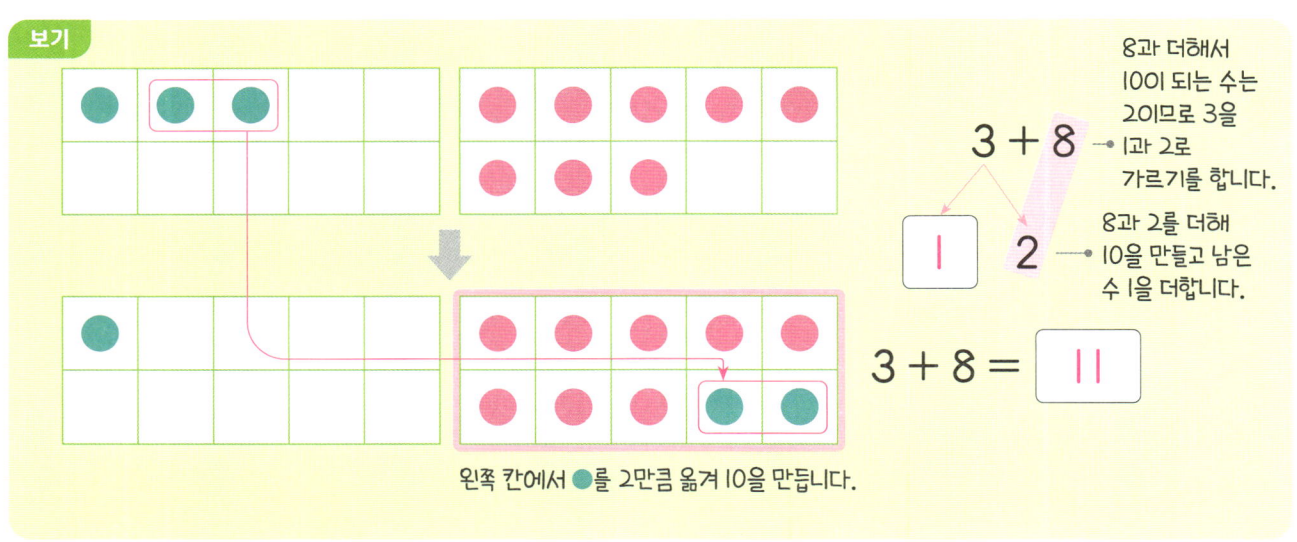

8과 더해서 10이 되는 수는 2이므로 3을 1과 2로 가르기를 합니다.

$3 + 8$

8과 2를 더해 10을 만들고 남은 수 1을 더합니다.

| 1 | 2 |

$3 + 8 = 11$

왼쪽 칸에서 ●를 2만큼 옮겨 10을 만듭니다.

1

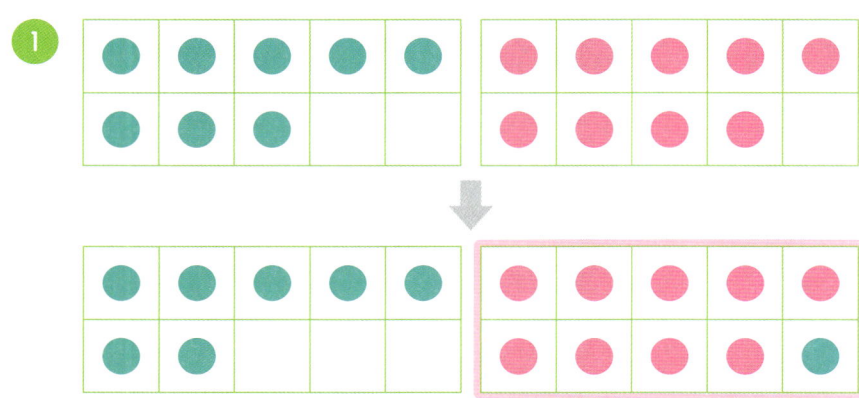

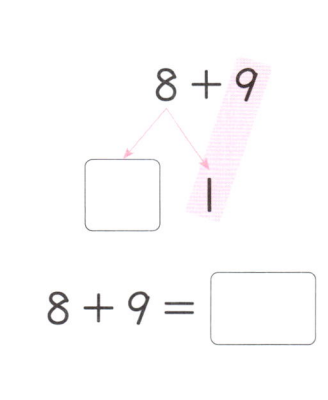

$8 + 9$

| ☐ | 1 |

$8 + 9 = $ ☐

2

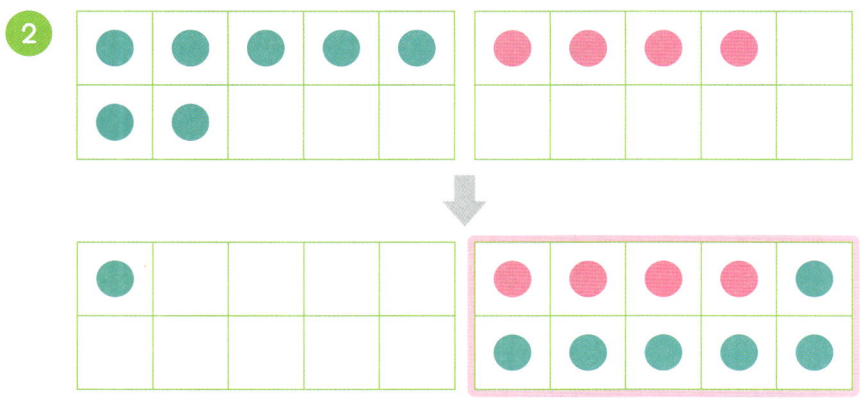

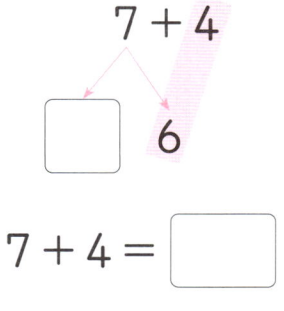

$7 + 4$

| ☐ | 6 |

$7 + 4 = $ ☐

🔍 더하는 수를 10으로 만들기 위해서 더해지는 수를 가르기 하여 계산합니다.

3
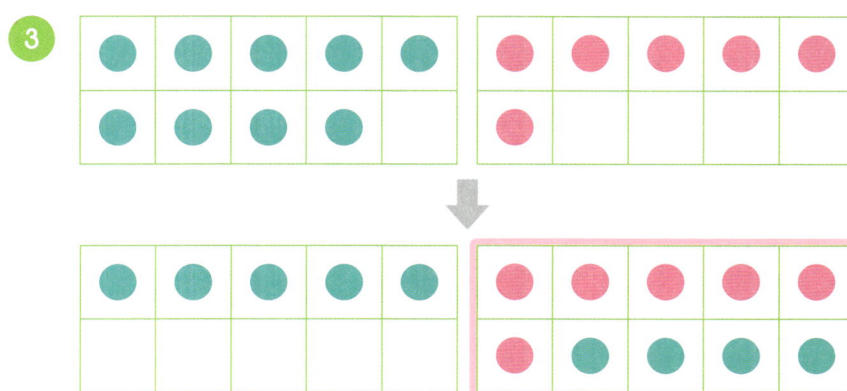
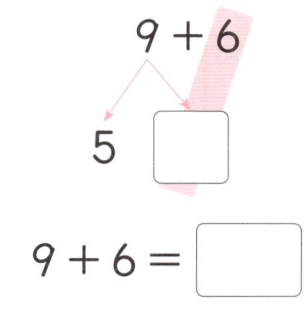

$9+6$

5 ☐

$9+6=$ ☐

4
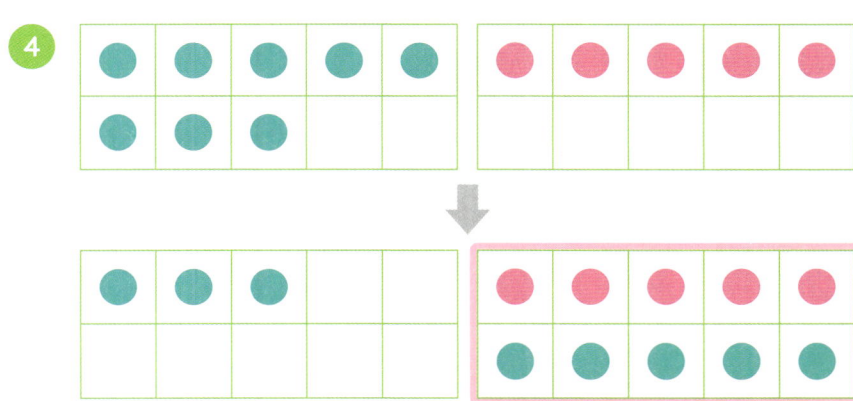
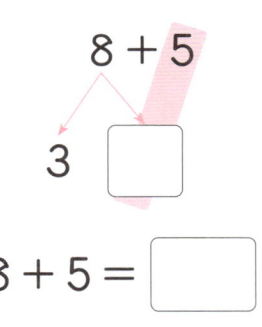

$8+5$

3 ☐

$8+5=$ ☐

5
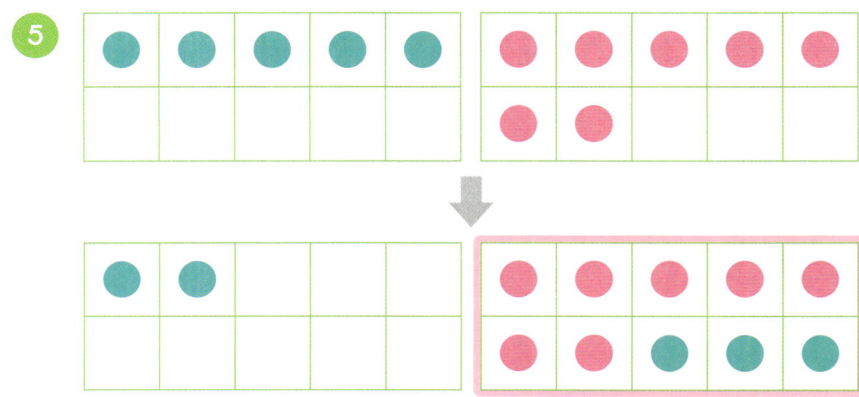
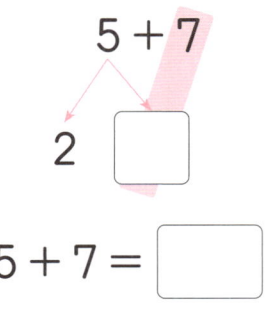

$5+7$

2 ☐

$5+7=$ ☐

4 일차 더해지는 수를 가르기 하여 더하기 ②

보기 와 같이, ☐ 안에 알맞은 수를 써넣으세요.

보기

$6 + 7 = \boxed{13}$

$\boxed{3}$ 3

7에 3을 더하면 10이므로 6을 3과 3으로 가르기 하여 계산합니다.

4 $8 + 7 = \boxed{}$

$\boxed{}$ 3

8 $5 + 6 = \boxed{}$

$\boxed{}$ 4

1 $4 + 8 = \boxed{}$

$\boxed{}$ 2

5 $7 + 5 = \boxed{}$

$\boxed{}$ 5

9 $6 + 8 = \boxed{}$

$\boxed{}$ 2

2 $4 + 9 = \boxed{}$

$\boxed{}$ 1

6 $9 + 4 = \boxed{}$

$\boxed{}$ 6

10 $9 + 5 = \boxed{}$

$\boxed{}$ 5

3 $7 + 8 = \boxed{}$

$\boxed{}$ 2

7 $8 + 3 = \boxed{}$

$\boxed{}$ 7

11 $2 + 9 = \boxed{}$

$\boxed{}$ 1

🔍 더하는 수에 몇을 더하면 10이 되는지 생각하며, 더해지는 수를 가르기 하여 계산합니다.

⑫ $5 + 8 = \boxed{}$
3 $\boxed{}$

⑯ $6 + 5 = \boxed{}$
1 $\boxed{}$

⑳ $5 + 9 = \boxed{}$
4 $\boxed{}$

⑬ $3 + 9 = \boxed{}$
2 $\boxed{}$

⑰ $8 + 4 = \boxed{}$
2 $\boxed{}$

㉑ $8 + 8 = \boxed{}$
6 $\boxed{}$

⑭ $4 + 7 = \boxed{}$
1 $\boxed{}$

⑱ $7 + 6 = \boxed{}$
3 $\boxed{}$

㉒ $8 + 6 = \boxed{}$
4 $\boxed{}$

⑮ $6 + 9 = \boxed{}$
5 $\boxed{}$

⑲ $9 + 3 = \boxed{}$
2 $\boxed{}$

㉓ $9 + 9 = \boxed{}$
8 $\boxed{}$

□ 안에 알맞은 수를 써넣으세요.

1 3 + 8 =

5 8 + 8 =

9 5 + 7 =

2 7 + 5 =

6 4 + 7 =

10 8 + 5 =

3 8 + 7 =

7 9 + 6 =

11 4 + 8 =

4 4 + 9 =

8 7 + 8 =

12 9 + 2 =

날짜:	월	일
시간:	분	초
오답 수:		/ 24

🔍 받아올림이 있는 (몇)+(몇)의 계산은 더하는 수를 가르기 하거나 더해지는 수를 가르기 하여 계산하는 방법이 있습니다.

13 9 + 3 = ☐

17 7 + 9 = ☐

21 9 + 8 = ☐

14 8 + 9 = ☐

18 6 + 8 = ☐

22 2 + 9 = ☐

15 7 + 6 = ☐

19 9 + 9 = ☐

23 6 + 6 = ☐

16 6 + 9 = ☐

20 6 + 5 = ☐

24 7 + 7 = ☐

9. 여러 가지 덧셈

학습 목표

① 두 수가 규칙적으로 변하는 덧셈 익히기
② 두 수의 순서를 바꾸어 더한 결과 비교하기

앞에서 배운 '받아올림이 있는 (몇)+(몇)의 계산'을 바탕으로 하여, 두 수가 규칙적으로 변하는 '여러 가지 덧셈'의 계산 원리를 이해하고 계산할 수 있도록 합니다.
자, 그럼 '여러 가지 덧셈'을 학습해 볼까요?

● **더하기를 하며 규칙 찾기**

▶ 더하는 수가 1씩 커지거나 작아지는 더하기

$3+6=9$
$3+7=10$
$3+8=11$
$3+9=12$

1씩 커집니다. 1씩 커집니다.

$4+8=12$
$4+7=11$
$4+6=10$
$4+5=9$

1씩 작아집니다. 1씩 작아집니다.

더해지는 수는 같고 더하는 수가 1씩 커지면 합도 1씩 커지고, 더해지는 수는 같고 더하는 수가 1씩 작아지면 합도 1씩 작아집니다.

▶ 더해지는 수가 1씩 커지거나 작아지는 더하기

$2+7=9$
$3+7=10$
$4+7=11$
$5+7=12$

1씩 커집니다. 1씩 커집니다.

$7+5=12$
$6+5=11$
$5+5=10$
$4+5=9$

1씩 작아집니다. 1씩 작아집니다.

더해지는 수는 1씩 커지고 더하는 수가 같으면 합은 1씩 커지고, 더해지는 수는 1씩 작아지고 더하는 수가 같으면 합은 1씩 작아집니다.

● **합이 같은 덧셈식**

$9+3=12$
$8+4=12$
$7+5=12$
$6+6=12$

1씩 작아집니다. 1씩 커집니다.

$6+6=12$
$7+5=12$
$8+4=12$
$9+3=12$

1씩 커집니다. 1씩 작아집니다.

더해지는 수는 1씩 작아지고 더하는 수가 1씩 커지거나, 더해지는 수는 1씩 커지고 더하는 수가 1씩 작아지면 합은 같습니다.

● **두 수의 순서를 바꾸어 더하기**

$4+8=12$

$8+4=12$

두 수의 순서를 바꾸어 더해도 합은 같습니다.

더하기를 하며 규칙 찾기

🖊 그림을 보고, ☐ 안에 알맞은 수를 써넣으세요.

①

$5 + 4 = \boxed{9}$

$5 + 5 = \boxed{}$

$5 + 6 = \boxed{}$

$5 + 7 = \boxed{}$

더해지는 수는 같고 더하는 수가 1씩 커지면 합도 ☐ 씩 커집니다.

②

$8 + 4 = \boxed{12}$

$8 + 3 = \boxed{}$

$8 + 2 = \boxed{}$

$8 + 1 = \boxed{}$

더해지는 수는 같고 더하는 수가 1씩 작아지면 합도 ☐ 씩 작아집니다.

🔍 그림을 보고, 더해지는 수는 같고 더하는 수가 1씩 커질(작아질) 때 또는 더해지는
　수는 1씩 커지고(작아지고) 더하는 수가 같을 때의 더하기를 하면서 규칙을 찾아봅니다.

✏ **그림을 보고, ☐ 안에 알맞은 수를 써넣으세요.**

❸

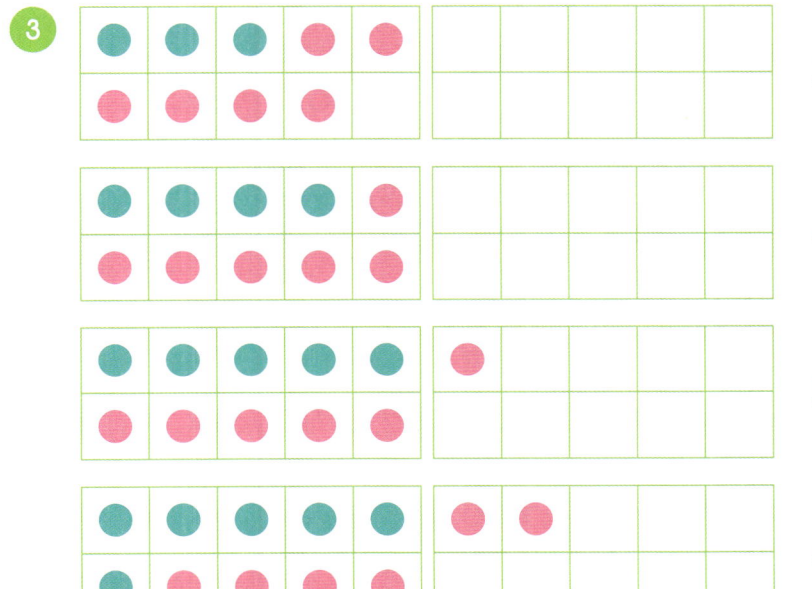

$3 + 6 = \boxed{9}$

$4 + 6 = \boxed{}$

$5 + 6 = \boxed{}$

$6 + 6 = \boxed{}$

더해지는 수는 1씩 커지고 더하는 수가 같으면 합은 ☐씩 커집니다.

❹

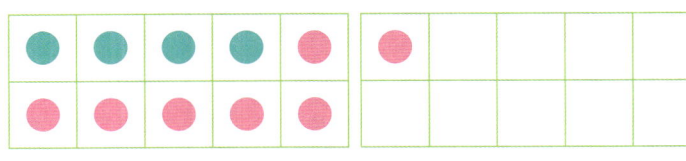

$5 + 7 = \boxed{12}$

$4 + 7 = \boxed{}$

$3 + 7 = \boxed{}$

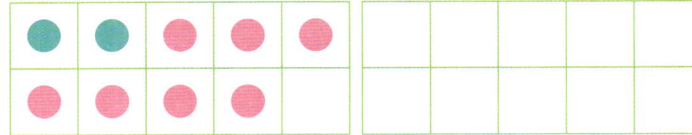

$2 + 7 = \boxed{}$

더해지는 수는 1씩 작아지고 더하는 수가 같으면 합은 ☐씩 작아집니다.

더하는 수가
1씩 커지거나 작아지는 더하기

보기 와 같이, ☐ 안에 알맞은 수를 써넣으세요.

보기

$2 + 6 = \boxed{8}$

$2 + 7 = \boxed{9}$

$2 + 8 = \boxed{10}$

$2 + 9 = \boxed{11}$

더해지는 수는 같고 더하는 수가 1씩 커지면 합도 1씩 커집니다.

①

$6 + 4 = \boxed{}$

$6 + 5 = \boxed{}$

$6 + 6 = \boxed{}$

$6 + 7 = \boxed{}$

②

$8 + 4 = \boxed{}$

$8 + 5 = \boxed{}$

$8 + 6 = \boxed{}$

$8 + 7 = \boxed{}$

③

$7 + 6 = \boxed{}$

$7 + 7 = \boxed{}$

$7 + 8 = \boxed{}$

$7 + 9 = \boxed{}$

④

$9 + 2 = \boxed{}$

$9 + 3 = \boxed{}$

$9 + 4 = \boxed{}$

$9 + 5 = \boxed{}$

⑤

$4 + 6 = \boxed{}$

$4 + 7 = \boxed{}$

$4 + 8 = \boxed{}$

$4 + 9 = \boxed{}$

날짜: 월 일
시간: 분 초
오답 수: / 10

🔍 더해지는 수는 같고 더하는 수가 1씩 커지면 합도 1씩 커집니다.
또, 더해지는 수는 같고 더하는 수가 1씩 작아지면 합도 1씩 작아집니다.

📝 보기 와 같이, ☐ 안에 알맞은 수를 써넣으세요.

보기

$5 + 8 = \boxed{13}$

$5 + 7 = \boxed{12}$

$5 + 6 = \boxed{11}$

$5 + 5 = \boxed{10}$

> 더해지는 수는 같고 더하는 수가 1씩 작아지면 합도 1씩 작아집니다.

8

$3 + 9 = \boxed{}$

$3 + 8 = \boxed{}$

$3 + 7 = \boxed{}$

$3 + 6 = \boxed{}$

6

$7 + 9 = \boxed{}$

$7 + 8 = \boxed{}$

$7 + 7 = \boxed{}$

$7 + 6 = \boxed{}$

9

$6 + 8 = \boxed{}$

$6 + 7 = \boxed{}$

$6 + 6 = \boxed{}$

$6 + 5 = \boxed{}$

7

$9 + 8 = \boxed{}$

$9 + 7 = \boxed{}$

$9 + 6 = \boxed{}$

$9 + 5 = \boxed{}$

10

$8 + 7 = \boxed{}$

$8 + 6 = \boxed{}$

$8 + 5 = \boxed{}$

$8 + 4 = \boxed{}$

더해지는 수가
1씩 커지거나 작아지는 더하기

보기 와 같이, ☐ 안에 알맞은 수를 써넣으세요.

보기

$6 + 3 = \boxed{9}$

$7 + 3 = \boxed{10}$

$8 + 3 = \boxed{11}$

$9 + 3 = \boxed{12}$

더해지는 수는
1씩 커지고 더하는
수가 같으면 합은
1씩 커집니다.

3

$4 + 7 = \boxed{}$

$5 + 7 = \boxed{}$

$6 + 7 = \boxed{}$

$7 + 7 = \boxed{}$

1

$6 + 6 = \boxed{}$

$7 + 6 = \boxed{}$

$8 + 6 = \boxed{}$

$9 + 6 = \boxed{}$

4

$5 + 8 = \boxed{}$

$6 + 8 = \boxed{}$

$7 + 8 = \boxed{}$

$8 + 8 = \boxed{}$

2

$5 + 9 = \boxed{}$

$6 + 9 = \boxed{}$

$7 + 9 = \boxed{}$

$8 + 9 = \boxed{}$

5

$6 + 5 = \boxed{}$

$7 + 5 = \boxed{}$

$8 + 5 = \boxed{}$

$9 + 5 = \boxed{}$

🔍 더해지는 수는 1씩 커지고 더하는 수가 같으면 합은 1씩 커집니다.
또, 더해지는 수는 1씩 작아지고 더하는 수가 같으면 합은 1씩 작아집니다.

✏️ **보기** 와 같이, ☐ 안에 알맞은 수를 써넣으세요.

보기

$9 + 4 = \boxed{13}$

$8 + 4 = \boxed{12}$

$7 + 4 = \boxed{11}$

$6 + 4 = \boxed{10}$

> 더해지는 수는 1씩 작아지고 더하는 수가 같으면 합은 1씩 작아집니다.

8

$9 + 2 = \boxed{}$

$8 + 2 = \boxed{}$

$7 + 2 = \boxed{}$

$6 + 2 = \boxed{}$

6

$8 + 8 = \boxed{}$

$7 + 8 = \boxed{}$

$6 + 8 = \boxed{}$

$5 + 8 = \boxed{}$

9

$6 + 9 = \boxed{}$

$5 + 9 = \boxed{}$

$4 + 9 = \boxed{}$

$3 + 9 = \boxed{}$

7

$7 + 7 = \boxed{}$

$6 + 7 = \boxed{}$

$5 + 7 = \boxed{}$

$4 + 7 = \boxed{}$

10

$7 + 6 = \boxed{}$

$6 + 6 = \boxed{}$

$5 + 6 = \boxed{}$

$4 + 6 = \boxed{}$

합이 같은 더하기

그림을 보고, ☐ 안에 알맞은 수를 써넣으세요.

1

$9 + 2 = \boxed{11}$

$8 + 3 = \boxed{}$

$7 + 4 = \boxed{}$

$6 + 5 = \boxed{}$

$5 + 6 = \boxed{}$

더해지는 수는 1씩 작아지고 더하는 수가 1씩 커지거나,
더해지는 수는 1씩 커지고 더하는 수가 1씩 작아지면 합은 어떨까?

2

$5 + 9 = \boxed{14}$

$6 + 8 = \boxed{}$

$7 + 7 = \boxed{}$

$8 + 6 = \boxed{}$

$9 + 5 = \boxed{}$

🔍 더해지는 수는 1씩 작아지고 더하는 수가 1씩 커지거나, 더해지는 수는
1씩 커지고 더하는 수가 1씩 작아지면 합은 같습니다.

📝 □ 안에 알맞은 수를 써넣으세요.

3

$5 + 6 = \boxed{}$

$4 + 7 = \boxed{}$

$3 + 8 = \boxed{}$

$2 + 9 = \boxed{}$

6

$6 + 7 = \boxed{}$

$7 + 6 = \boxed{}$

$8 + 5 = \boxed{}$

$9 + 4 = \boxed{}$

4

$7 + 6 = \boxed{}$

$6 + 7 = \boxed{}$

$5 + 8 = \boxed{}$

$4 + 9 = \boxed{}$

7

$4 + 8 = \boxed{}$

$5 + 7 = \boxed{}$

$6 + 6 = \boxed{}$

$7 + 5 = \boxed{}$

5

$9 + 3 = \boxed{}$

$8 + 4 = \boxed{}$

$7 + 5 = \boxed{}$

$6 + 6 = \boxed{}$

8

$6 + 9 = \boxed{}$

$7 + 8 = \boxed{}$

$8 + 7 = \boxed{}$

$9 + 6 = \boxed{}$

📍 보기 와 같이, 두 수의 순서를 바꾸어 덧셈을 해 보세요.

보기

$9 + 2 = \boxed{11}$

$2 + 9 = \boxed{11}$

9와 2의 순서를 바꾸어 더해도 합은 11로 같습니다.

1

$8 + 7 = \boxed{}$

$7 + 8 = \boxed{}$

2

$7 + 6 = \boxed{}$

$6 + 7 = \boxed{}$

3

$9 + 3 = \boxed{}$

$3 + 9 = \boxed{}$

4

$4 + 9 = \boxed{}$

$9 + 4 = \boxed{}$

5

$5 + 7 = \boxed{}$

$7 + 5 = \boxed{}$

6

$3 + 8 = \boxed{}$

$8 + 3 = \boxed{}$

7

$5 + 9 = \boxed{}$

$9 + 5 = \boxed{}$

날짜 : 월 일
시간 : 분 초
오답 수 : / 17

🔍 덧셈은 두 수의 순서를 바꾸어 더해도 합은 같습니다.

✏️ ☐ 안에 알맞은 수를 써넣으세요.

8 $8 + 4 = \boxed{}$
$4 + 8 = \boxed{}$

13 $6 + 9 = \boxed{}$
$9 + 6 = \boxed{}$

9 $8 + 9 = \boxed{}$
$9 + 8 = \boxed{}$

14 $8 + 5 = \boxed{}$
$5 + 8 = \boxed{}$

10 $9 + 7 = \boxed{}$
$7 + 9 = \boxed{}$

15 $4 + 7 = \boxed{}$
$7 + 4 = \boxed{}$

11 $5 + 6 = \boxed{}$
$6 + 5 = \boxed{}$

16 $7 + 5 = \boxed{}$
$5 + \boxed{} = 12$

12 $8 + 6 = \boxed{}$
$6 + 8 = \boxed{}$

17 $3 + 8 = \boxed{}$
$\boxed{} + 3 = 11$

10. 받아올림이 없는 두 자리 수의 덧셈

학습 목표

① 받아올림이 없는 (몇십몇)+(몇), (몇십)+(몇십), (몇십몇)+(몇십몇)의 계산 원리를 이해하고 계산하기
② 두 수가 규칙적으로 변하는 여러 가지 덧셈 익히기

그동안 배운 덧셈을 바탕으로 하여, '받아올림이 없는 두 자리 수의 덧셈'의 계산 원리를 이해하고 계산할 수 있도록 합니다. '받아올림이 없는 두 자리 수의 덧셈'은 나중에 배우게 될 '받아올림이 있는 두 자리 수의 덧셈'의 기본이 되는 학습입니다.
자, 그럼 '받아올림이 없는 두 자리 수의 덧셈'을 학습해 볼까요?

● 받아올림이 없는 (몇십몇)+(몇)

$$
\begin{array}{r} 5\ 4 \\ +\quad 2 \\ \hline \end{array}
\Rightarrow
\begin{array}{r} 5\ 4 \\ +\quad 2 \\ \hline 6 \end{array}
\Rightarrow
\begin{array}{r} 5\ 4 \\ +\quad 2 \\ \hline 5\ 6 \end{array}
$$

① 낱개끼리 줄을 맞추어 세로로 씁니다.
② 낱개끼리 더합니다.
③ 10개씩 묶음의 수를 그대로 내려 씁니다.

● 받아올림이 없는 (몇십)+(몇십)

$$
\begin{array}{r} 2\ 0 \\ +\ 2\ 0 \\ \hline \end{array}
\Rightarrow
\begin{array}{r} 2\ 0 \\ +\ 2\ 0 \\ \hline 0 \end{array}
\Rightarrow
\begin{array}{r} 2\ 0 \\ +\ 2\ 0 \\ \hline 4\ 0 \end{array}
$$

① 10개씩 묶음끼리, 낱개끼리 각각 줄을 맞추어 세로로 씁니다.
② 낱개의 자리에 0을 씁니다.
③ 10개씩 묶음끼리 더합니다.

● 받아올림이 없는 (몇십몇)+(몇십몇)

$$
\begin{array}{r} 2\ 1 \\ +\ 1\ 4 \\ \hline \end{array}
\Rightarrow
\begin{array}{r} 2\ 1 \\ +\ 1\ 4 \\ \hline 5 \end{array}
\Rightarrow
\begin{array}{r} 2\ 1 \\ +\ 1\ 4 \\ \hline 3\ 5 \end{array}
$$

① 10개씩 묶음끼리, 낱개끼리 각각 줄을 맞추어 세로로 씁니다.
② 낱개끼리 더합니다.
③ 10개씩 묶음끼리 더합니다.

● 여러 가지 더하기

더해지는 수는 같고 더하는 수가 10씩 커지면 합도 10씩 커집니다.

$$15 + 10 = 25$$
$$15 + 20 = 35$$
$$15 + 30 = 45$$
$$15 + 40 = 55$$

더해지는 수는 같고 더하는 수가 1씩 커지면 합도 1씩 커집니다.

$$15 + 11 = 26$$
$$15 + 12 = 27$$
$$15 + 13 = 28$$
$$15 + 14 = 29$$

받아올림이 없는 (몇십몇)+(몇)

✏️ **23+4는 얼마인지 여러 가지 방법으로 알아보세요.**

① 이어 세기로 구해 보세요.

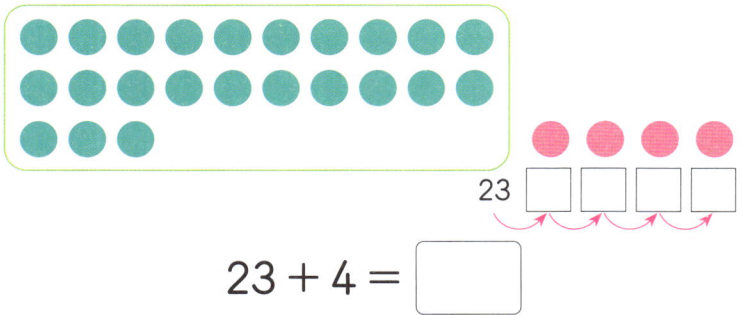

23에서 4만큼 이어 세면
24, 25, 26, 27이므로
23+4=☐ 입니다.

$$23 + 4 = \boxed{}$$

② 덧셈식에 맞게 ◯를 더 그려서 구해 보세요.

◯	◯	◯	◯	◯		◯	◯	◯	◯	◯		◯	◯	◯	
◯	◯	◯	◯	◯		◯	◯	◯	◯	◯					

◯ 23개에
◯ 4개를 더 그리면
모두 27개이므로
23+4=☐
입니다.

$$23 + 4 = \boxed{}$$

③ 수 모형을 보고 구해 보세요.

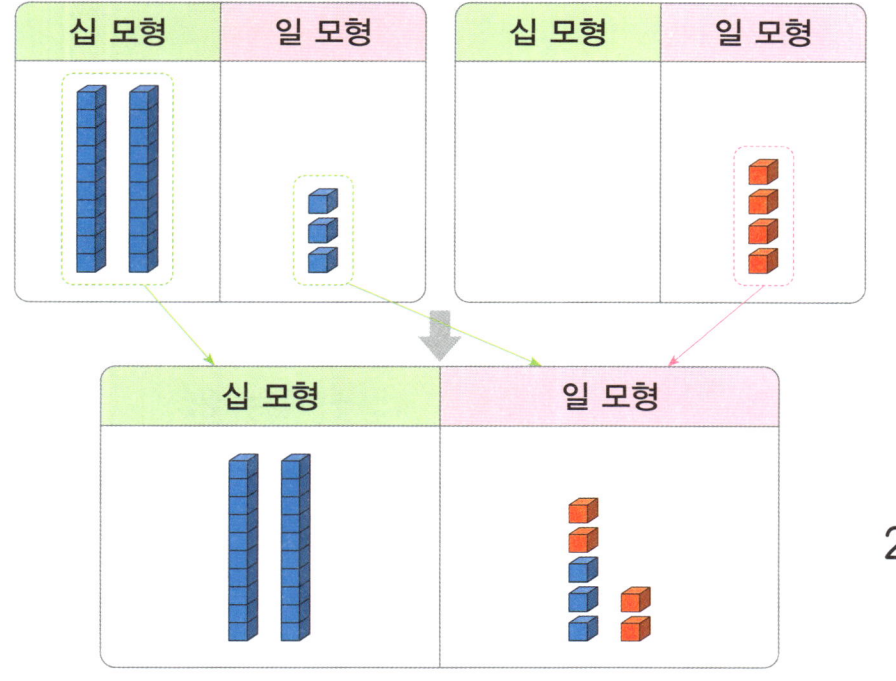

십 모형 2개,
일 모형 3개와 4개를
더하면 일 모형 7개이므로
23+4=☐ 입니다.

$$23 + 4 = \boxed{}$$

올림이 없는 (몇십몇)+(몇)의 계산 원리를 이해하고 계산할 수 있도록 합니다.

🔍 받아올림이 없는 (몇십몇)+(몇)의 계산 원리를 이해하고 계산할 수 있도록 합니다.

✏️ **보기** 와 같이, ☐ 안에 알맞은 수를 써넣으세요.

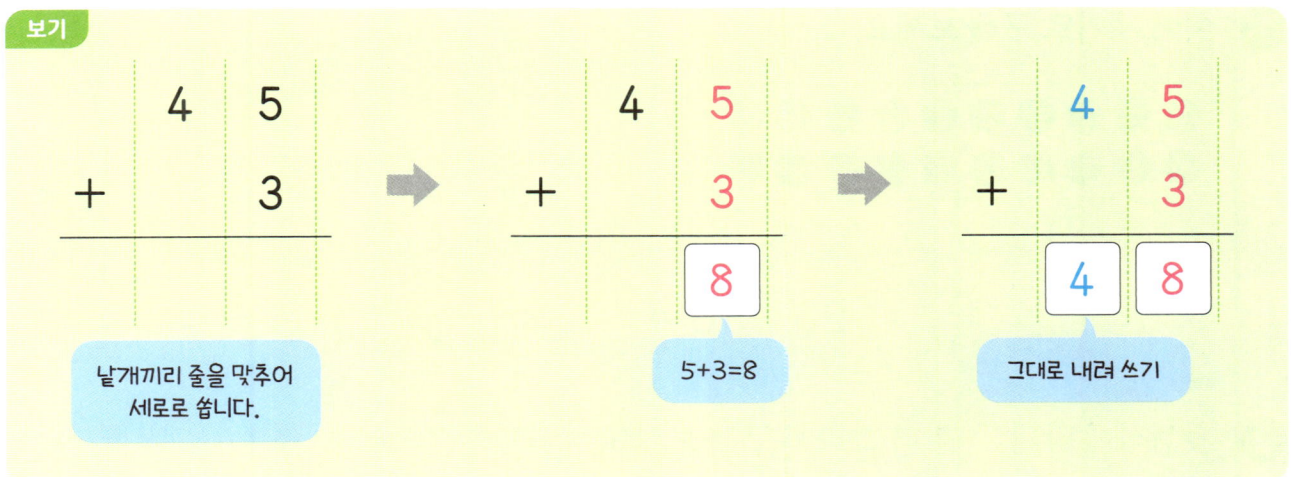

낱개끼리 줄을 맞추어 세로로 씁니다.

5+3=8

그대로 내려 쓰기

4

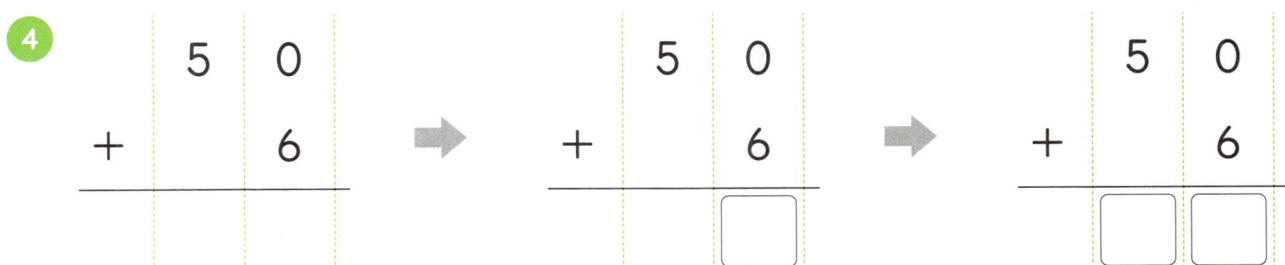

5

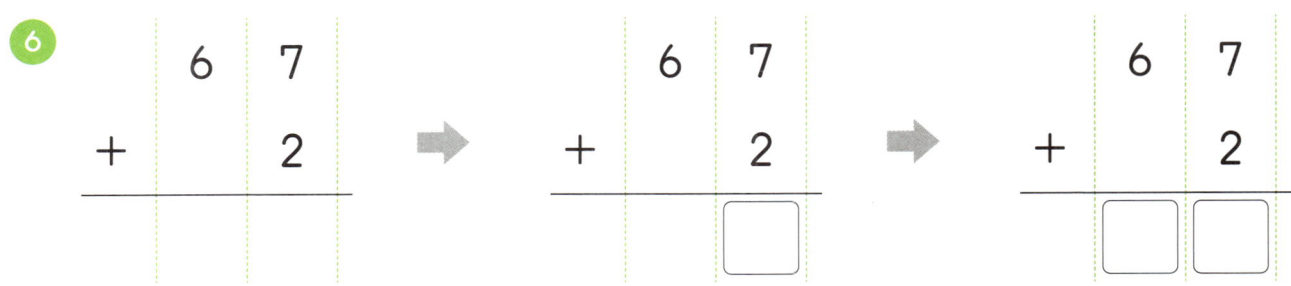

6

받아올림이 없는 (몇십)+(몇십)

📍 20+10은 얼마인지 여러 가지 방법으로 알아보세요.

1 이어 세기로 구해 보세요.

20에서 10만큼 이어 세면 21, 22, 23, 24, 25, 26, 27, 28, 29, 30이므로 20+10= ☐ 입니다.

20

$$20 + 10 = \boxed{}$$

2 덧셈식에 맞게 ◯를 더 그려서 구해 보세요.

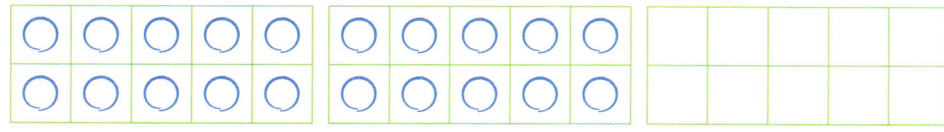

$$20 + 10 = \boxed{}$$

◯ 20개에
◯ 10개를 더 그리면
모두 30개이므로
20+10= ☐
입니다.

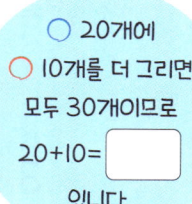

3 수 모형을 보고 구해 보세요.

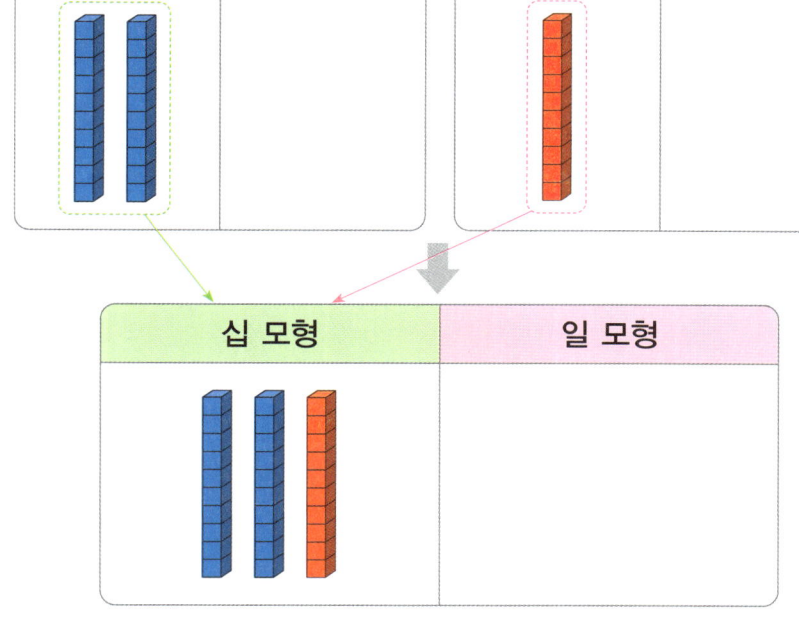

십 모형	일 모형

십 모형	일 모형

십 모형 2개와 1개를
더하면 십 모형 3개이므로
20+10= ☐ 입니다.

십 모형	일 모형

$$20 + 10 = \boxed{}$$

🔍 받아올림이 없는 (몇십)+(몇십)의 계산 원리를 이해하고 계산할 수 있도록 합니다.

📍 보기 와 같이, ☐ 안에 알맞은 수를 써넣으세요.

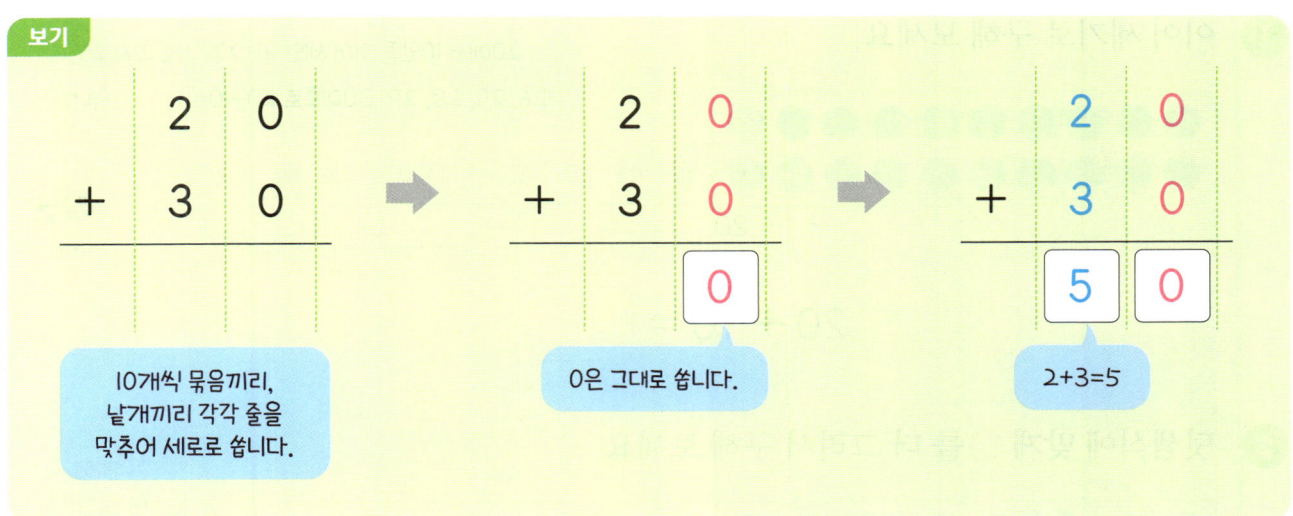

④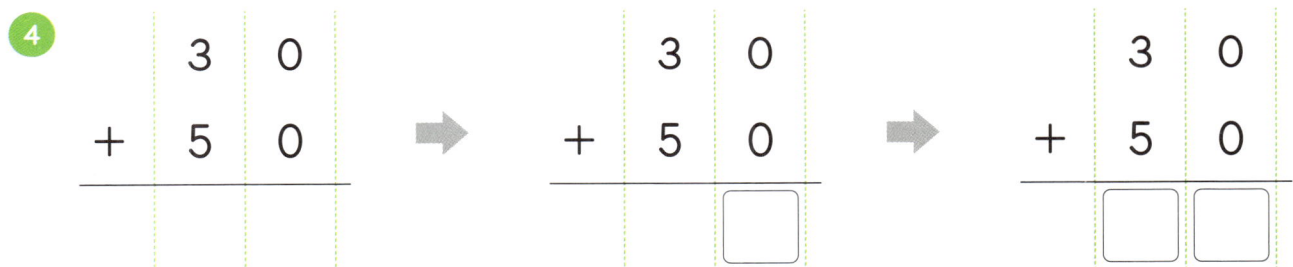

⑤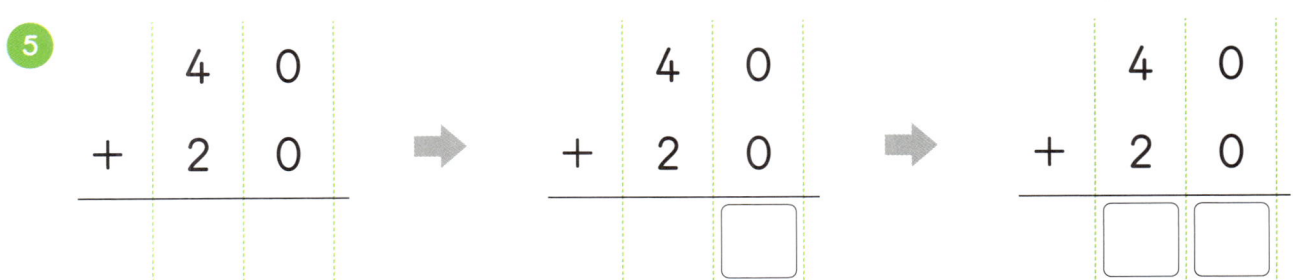

⑥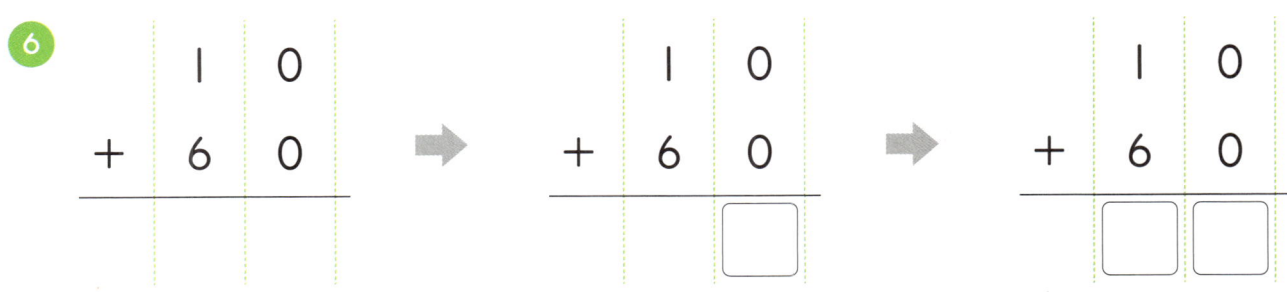

💡 **15+12는 얼마인지 여러 가지 방법으로 알아보세요.**

① 이어 세기로 구해 보세요.

15에서 12만큼 이어 세면 16, 17, 18, 19, 20, 21, 22, 23, 24, 25, 26, 27이므로 15+12=◻입니다.

15 ◻◻◻◻◻◻◻◻◻◻◻◻

$$15 + 12 = \boxed{}$$

② 덧셈식에 맞게 ⭕를 더 그려서 구해 보세요.

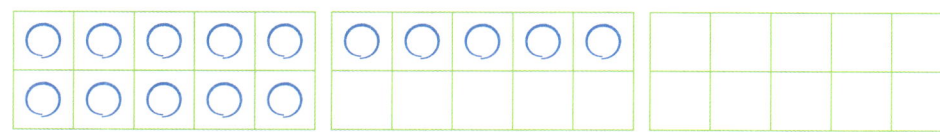

⭕ 15개에 ⭕ 12개를 더 그리면 모두 27개이므로 15+12=◻입니다.

$$15 + 12 = \boxed{}$$

③ 수 모형을 보고 구해 보세요.

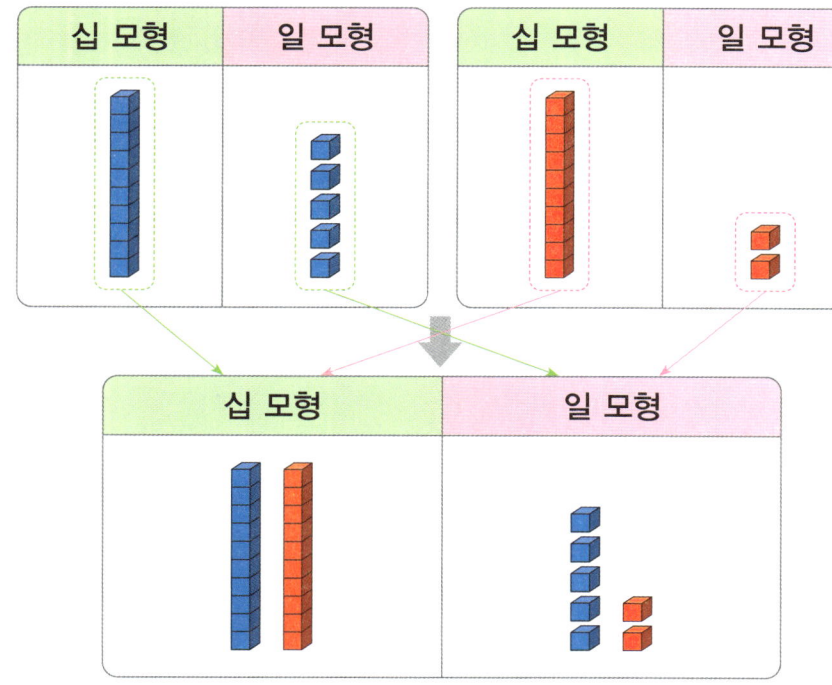

십 모형 1개와 1개를 더하면 십 모형 2개, 일 모형 5개와 2개를 더하면 일 모형 7개이므로 15+12=◻입니다.

$$15 + 12 = \boxed{}$$

🔍 받아올림이 없는 (몇십몇)+(몇십몇)의 계산 원리를 이해하고 계산할 수 있도록 합니다.

💡 **보기** 와 같이, ☐ 안에 알맞은 수를 써넣으세요.

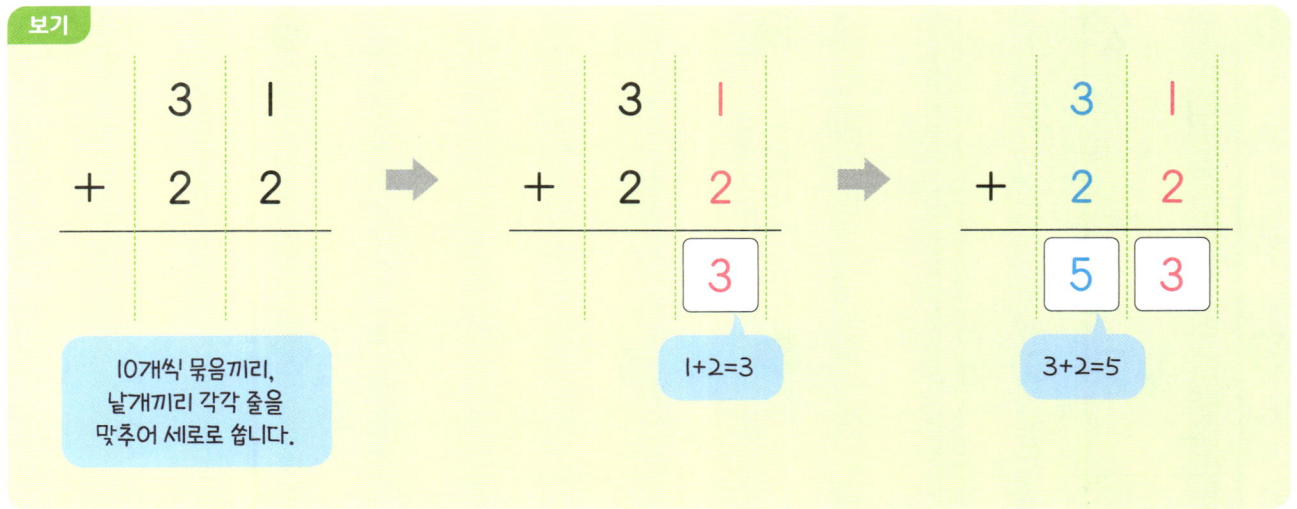

보기

```
    3  1              3  1              3  1
 +  2  2     →     +  2  2     →     +  2  2
 ──────           ──────           ──────
                      [3]            [5][3]
```

10개씩 묶음끼리,
낱개끼리 각각 줄을
맞추어 세로로 씁니다.

1+2=3

3+2=5

④
```
    4  6              4  6              4  6
 +  3  0     →     +  3  0     →     +  3  0
 ──────           ──────           ──────
                      [ ]            [ ][ ]
```

⑤
```
    2  1              2  1              2  1
 +  2  7     →     +  2  7     →     +  2  7
 ──────           ──────           ──────
                      [ ]            [ ][ ]
```

⑥
```
    1  3              1  3              1  3
 +  5  6     →     +  5  6     →     +  5  6
 ──────           ──────           ──────
                      [ ]            [ ][ ]
```

받아올림이 없는 두 자리 수의 더하기

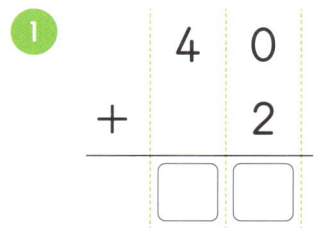

덧셈을 해 보세요.

1
```
   4 0
 +   2
 ───────
  □ □
```

6
```
   3 6
 +   3
 ───────
  □ □
```

11
```
   7 0
 + 1 0
 ───────
  □ □
```

2
```
   7 0
 +   9
 ───────
  □ □
```

7
```
   9 5
 +   1
 ───────
  □ □
```

12
```
   2 0
 + 7 0
 ───────
  □ □
```

3
```
   3 0
 +   5
 ───────
  □ □
```

8
```
   4 2
 +   5
 ───────
  □ □
```

13
```
   3 0
 + 3 0
 ───────
  □ □
```

4
```
   5 0
 +   7
 ───────
  □ □
```

9
```
   6 4
 +   4
 ───────
  □ □
```

14
```
   1 0
 + 4 0
 ───────
  □ □
```

5
```
   8 0
 +   4
 ───────
  □ □
```

10
```
   2 1
 +   3
 ───────
  □ □
```

15
```
   6 0
 + 2 0
 ───────
  □ □
```

🔍 받아올림이 없는 두 자리 수의 덧셈을 연습합니다.
　　낱개는 낱개끼리, 10개씩 묶음은 10개씩 묶음끼리 더합니다.

⑯

$$\begin{array}{r} 4\ 0 \\ +\ 4\ 4 \\ \hline \square\ \square \end{array}$$

㉑

$$\begin{array}{r} 5\ 2 \\ +\ 2\ 1 \\ \hline \square\ \square \end{array}$$

㉖

$$\begin{array}{r} 3\ 1 \\ +\ 5\ 4 \\ \hline \square\ \square \end{array}$$

⑰

$$\begin{array}{r} 1\ 0 \\ +\ 8\ 7 \\ \hline \square\ \square \end{array}$$

㉒

$$\begin{array}{r} 1\ 4 \\ +\ 5\ 5 \\ \hline \square\ \square \end{array}$$

㉗

$$\begin{array}{r} 1\ 4 \\ +\ 2\ 3 \\ \hline \square\ \square \end{array}$$

⑱

$$\begin{array}{r} 2\ 0 \\ +\ 4\ 1 \\ \hline \square\ \square \end{array}$$

㉓

$$\begin{array}{r} 3\ 2 \\ +\ 6\ 2 \\ \hline \square\ \square \end{array}$$

㉘

$$\begin{array}{r} 1\ 2 \\ +\ 1\ 6 \\ \hline \square\ \square \end{array}$$

⑲

$$\begin{array}{r} 6\ 3 \\ +\ 1\ 0 \\ \hline \square\ \square \end{array}$$

㉔

$$\begin{array}{r} 3\ 1 \\ +\ 4\ 6 \\ \hline \square\ \square \end{array}$$

㉙

$$\begin{array}{r} 5\ 8 \\ +\ 4\ 1 \\ \hline \square\ \square \end{array}$$

⑳

$$\begin{array}{r} 2\ 8 \\ +\ 3\ 0 \\ \hline \square\ \square \end{array}$$

㉕

$$\begin{array}{r} 1\ 5 \\ +\ 7\ 3 \\ \hline \square\ \square \end{array}$$

㉚

$$\begin{array}{r} 3\ 4 \\ +\ 1\ 2 \\ \hline \square\ \square \end{array}$$

여러 가지 더하기

💡 보기 와 같이, ☐ 안에 알맞은 수를 써넣으세요.

보기

$12 + 10 = \boxed{22}$

$12 + 20 = \boxed{32}$

$12 + 30 = \boxed{42}$

$12 + 40 = \boxed{52}$

더해지는 수는 같고 더하는 수가 10씩 커지면 합도 10씩 커집니다.

더해지는 수는 같고 더하는 수가 1씩 커지면 합도 1씩 커집니다.

보기

$11 + 11 = \boxed{22}$

$11 + 12 = \boxed{23}$

$11 + 13 = \boxed{24}$

$11 + 14 = \boxed{25}$

1

$25 + 10 = \boxed{}$

$25 + 20 = \boxed{}$

$25 + 30 = \boxed{}$

$25 + 40 = \boxed{}$

3

$23 + 11 = \boxed{}$

$23 + 12 = \boxed{}$

$23 + 13 = \boxed{}$

$23 + 14 = \boxed{}$

2

$38 + 10 = \boxed{}$

$38 + 20 = \boxed{}$

$38 + 30 = \boxed{}$

$38 + 40 = \boxed{}$

4

$35 + 11 = \boxed{}$

$35 + 12 = \boxed{}$

$35 + 13 = \boxed{}$

$35 + 14 = \boxed{}$

🔍 더해지는 수는 같고 더하는 수가 10씩(1씩) 커지면 합도 10씩(1씩) 커집니다.
또, 더해지는 수는 10씩(1씩) 커지고 더하는 수가 같으면 합은 10씩(1씩) 커집니다.

📌 보기 와 같이, ☐ 안에 알맞은 수를 써넣으세요.

보기

$10 + 10 = \boxed{20}$

$20 + 10 = \boxed{30}$

$30 + 10 = \boxed{40}$

$40 + 10 = \boxed{50}$

더해지는 수는 10씩 커지고 더하는 수가 같으면 합은 10씩 커집니다.

더해지는 수는 1씩 커지고 더하는 수가 같으면 합은 1씩 커집니다.

보기

$14 + 10 = \boxed{24}$

$15 + 10 = \boxed{25}$

$16 + 10 = \boxed{26}$

$17 + 10 = \boxed{27}$

5

$10 + 20 = \boxed{}$

$20 + 20 = \boxed{}$

$30 + 20 = \boxed{}$

$40 + 20 = \boxed{}$

7

$25 + 20 = \boxed{}$

$26 + 20 = \boxed{}$

$27 + 20 = \boxed{}$

$28 + 20 = \boxed{}$

6

$10 + 30 = \boxed{}$

$20 + 30 = \boxed{}$

$30 + 30 = \boxed{}$

$40 + 30 = \boxed{}$

8

$36 + 30 = \boxed{}$

$37 + 30 = \boxed{}$

$38 + 30 = \boxed{}$

$39 + 30 = \boxed{}$

1 모으기와 가르기를 해 보세요.

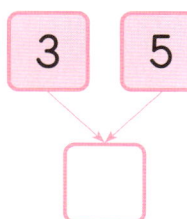

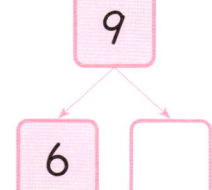

2 그림을 보고 덧셈식을 쓰고 읽어 보세요.

덧셈식 $3 + 4 = \boxed{}$

읽기 $\boxed{}$ 더하기 $\boxed{}$ 는 $\boxed{}$ 과 같습니다.

$\boxed{}$ 과 $\boxed{}$ 의 합은 $\boxed{}$ 입니다.

3 수 모으기를 하고 덧셈을 해 보세요.

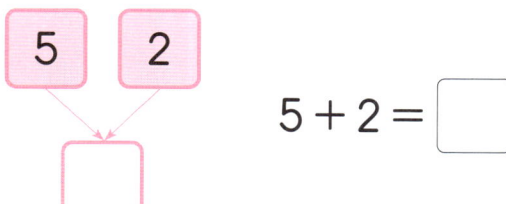

$5 + 2 = \boxed{}$

4 모으기와 가르기를 해 보세요.

5 10이 되도록 수 모으기를 하고 ☐ 안에 알맞은 수를 써넣으세요.

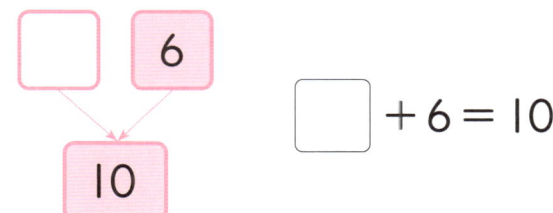

☐ + 6 = 10

[6~7] 주어진 덧셈식에 맞게 ◯를 더 그리고 덧셈을 해 보세요.

6 6 + 4 + 3 = ☐
      10

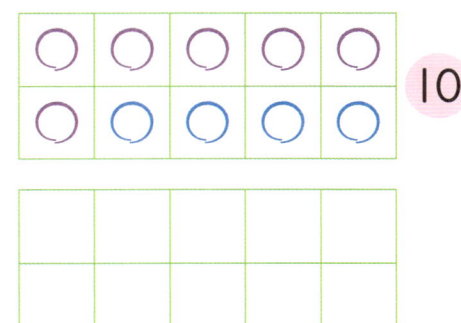

7 7 + 2 + 8 = ☐
         10

8 이어 세기로 덧셈을 해 보세요.

4 + 8 = ☐

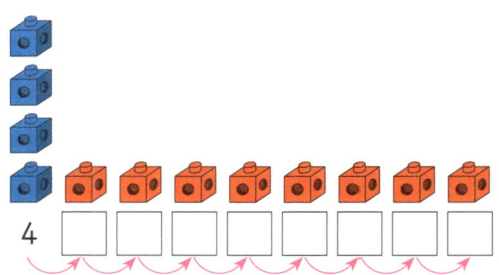

4 ☐ ☐ ☐ ☐ ☐ ☐ ☐ ☐

9 수 모으기를 하고 덧셈을 해 보세요.

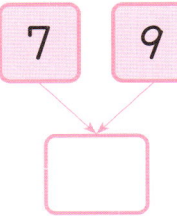

$$7 + 9 = \boxed{}$$

[**10** ~ **11**] ☐ 안에 알맞은 수를 써넣으세요.

10 $7 + 4 = \boxed{}$

$\boxed{}$ |

11 $6 + 9 = \boxed{}$

5    $\boxed{}$

[**12** ~ **13**] ☐ 안에 알맞은 수를 써넣으세요.

12 $8 + 2 = \boxed{}$

$8 + 3 = \boxed{}$

$8 + 4 = \boxed{}$

$8 + 5 = \boxed{}$

13 $8 + 6 = \boxed{}$

$7 + 7 = \boxed{}$

$6 + 8 = \boxed{}$

$5 + 9 = \boxed{}$

[**14** ~ **15**] 덧셈을 해 보세요.

14
```
    3  2
 +     3
 ─────────
   □  □
```

15
```
    6  5
 +  2  4
 ─────────
   □  □
```

AI 시대 수학, 첫 연산의 기초

기초
탄탄

최고효과

계산법

정답

입학의 완성!
예비 초등
덧셈의 기초

기탄출판

1. 2~9까지의 수 모으기와 가르기

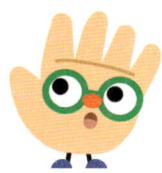

1일차
12~13쪽

보기: 2, 1 → 3
2와 1을 모으기 하면 3입니다.

1. 1, 3 → 4
2. 3, 2 → 5
3. 2, 4 → 6
4. 6, 1 → 7
5. 3, 5 → 8
6. 7, 2 → 9
7. 3, 6 → 9
8. 2, 2 → 4
9. 1, 5 → 6
10. 4, 3 → 7
11. 6, 2 → 8
12. 4, 1 → 5
13. 4, 4 → 8
14. 2, 5 → 7
15. 5, 4 → 9

2일차
14~15쪽

보기: 3 → 2, 1
3은 2와 1로 가르기 할 수 있습니다.

1. 5 → 4, 1
2. 7 → 5, 2
3. 6 → 3, 3
4. 4 → 1, 3
5. 8 → 4, 4
6. 7 → 2, 5
7. 9 → 3, 6
8. 3 → 1, 2
9. 7 → 4, 3
10. 6 → 5, 1
11. 8 → 3, 5
12. 8 → 7, 1
13. 9 → 6, 3
14. 5 → 3, 2
15. 9 → 2, 7

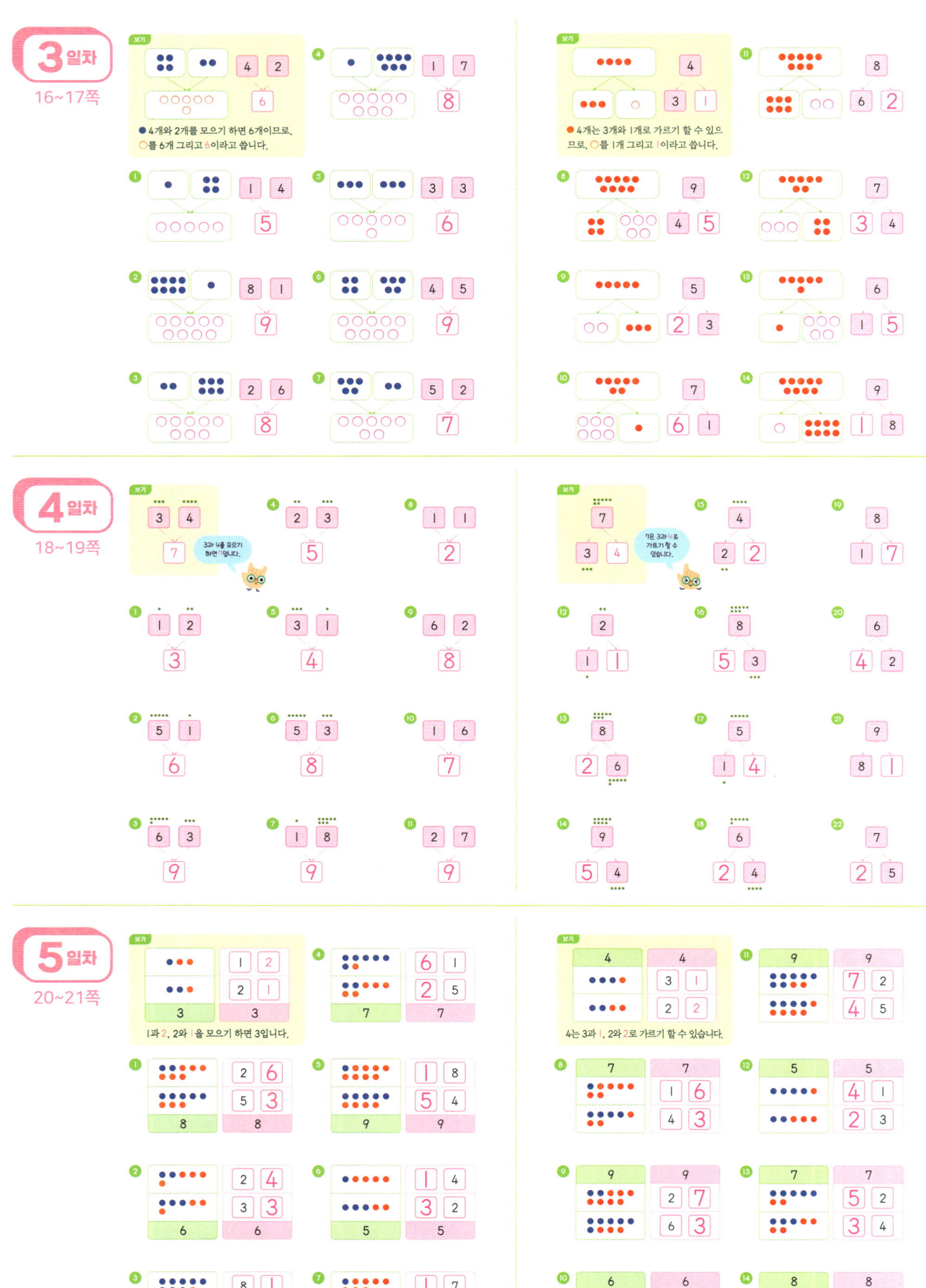

2. 9까지의 덧셈 알아보기

1일차
24~25쪽

보기

덧셈식 3+4=7   읽기 3 더하기 4는 7과 같습니다.

더하기는 +로
같습니다는 =로
나타내요.

①

덧셈식 5 + 1 = 6

읽기 5 더하기 1은 6과 같습니다.

②

덧셈식 2 + 6 = 8

읽기 2 더하기 6은 8과 같습니다.

③

덧셈식 3 + 2 = 5

읽기 3 더하기 2는 5와 같습니다.

④

덧셈식 2 + 5 = 7

읽기 2 더하기 5는 7과 같습니다.

⑤

덧셈식 5 + 4 = 9

읽기 5 더하기 4는 9와 같습니다.

2일차
26~27쪽

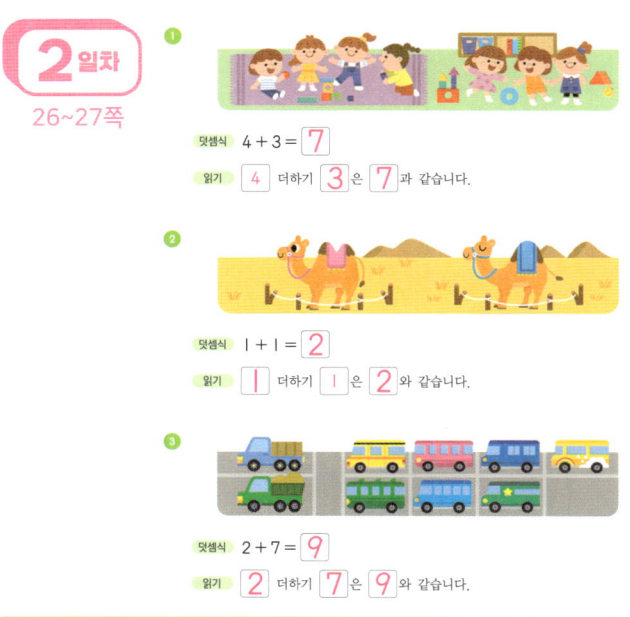

①

덧셈식 4 + 3 = 7

읽기 4 더하기 3은 7과 같습니다.

②

덧셈식 1 + 1 = 2

읽기 1 더하기 1은 2와 같습니다.

③

덧셈식 2 + 7 = 9

읽기 2 더하기 7은 9와 같습니다.

④

덧셈식 1 + 4 = 5

읽기 1 더하기 4는 5와 같습니다.

⑤

덧셈식 4 + 2 = 6

읽기 4 더하기 2는 6과 같습니다.

⑥

덧셈식 7 + 1 = 8

읽기 7 더하기 1은 8과 같습니다.

3일차
28~29쪽

보기

덧셈식 1+7=8   읽기 1과 7의 합은 8입니다.

빨간 +로 얼마다는 =로 나타내요.

①
덧셈식 3+3=6
읽기 3과 3의 합은 6입니다.

②
덧셈식 5+2=7
읽기 5와 2의 합은 7입니다.

③
덧셈식 2+2=4
읽기 2와 2의 합은 4입니다.

④
덧셈식 5+3=8
읽기 5와 3의 합은 8입니다.

⑤
덧셈식 3+6=9
읽기 3과 6의 합은 9입니다.

4일차
30~31쪽

①
덧셈식 2+4=6
읽기 2와 4의 합은 6입니다.

②
덧셈식 4+4=8
읽기 4와 4의 합은 8입니다.

③
덧셈식 6+3=9
읽기 6과 3의 합은 9입니다.

④
덧셈식 1+3=4
읽기 1과 3의 합은 4입니다.

⑤
덧셈식 6+1=7
읽기 6과 1의 합은 7입니다.

⑥
덧셈식 2+3=5
읽기 2와 3의 합은 5입니다.

5일차
32~33쪽

①
덧셈식 7+2=9   읽기 7 더하기 2는 9와 같습니다.
7과 2의 합은 9입니다.

②
덧셈식 3+5=8   읽기 3 더하기 5는 8과 같습니다.
3과 5의 합은 8입니다.

③
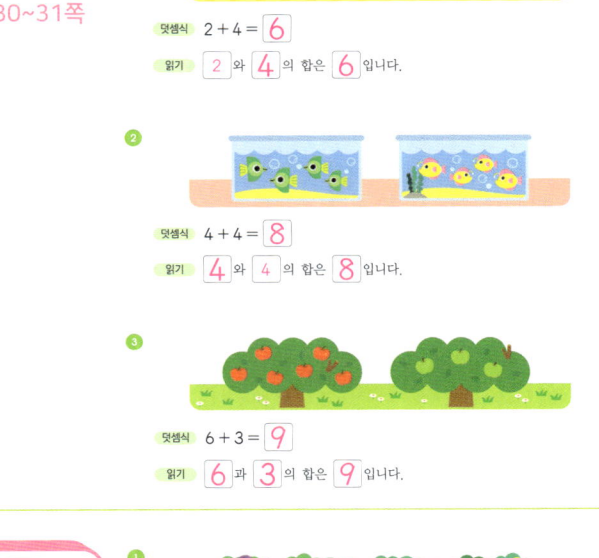
덧셈식 1+6=7   읽기 1 더하기 6은 7과 같습니다.
1과 6의 합은 7입니다.

④
덧셈식 1+5=6   읽기 1 더하기 5는 6과 같습니다.
1과 5의 합은 6입니다.

⑤

덧셈식 3+1=4   읽기 3 더하기 1은 4와 같습니다.
3과 1의 합은 4입니다.

⑥
덧셈식 4+5=9   읽기 4 더하기 5는 9와 같습니다.
4와 5의 합은 9입니다.

3. 9까지의 덧셈

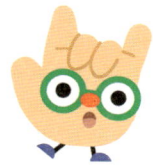

1일차
36~37쪽

보기

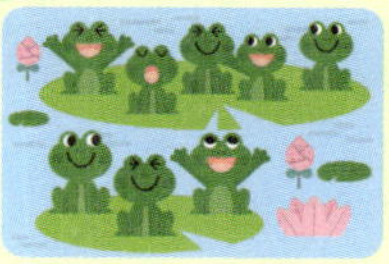

3 4 5 6 7 8

3 + 5 = 8

3에서 5만큼 이어 세면 4, 5, 6, 7, 8이므로 3+5=8입니다.

② 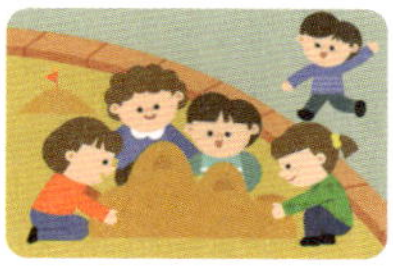

4 5

4 + 1 = 5

① 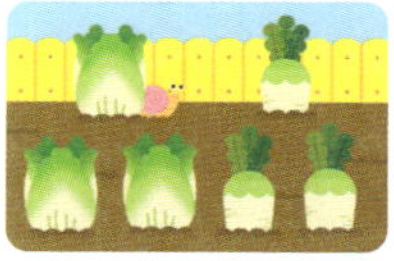

3 4 5 6

3 + 3 = 6

③ 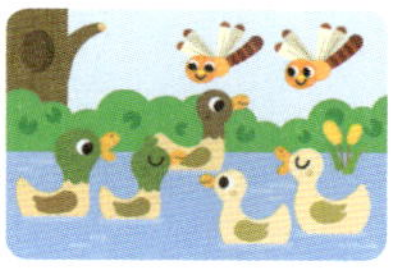

5 6 7

5 + 2 = 7

④ 1 + 3 = 4
1 2 3 4

⑤ 7 + 2 = 9
7 8 9

⑥ 2 + 4 = 6
2 3 4 5 6

⑦ 4 + 3 = 7
4 5 6 7

⑧ 5 + 4 = 9
5 6 7 8 9

⑨ 6 + 1 = 7
6 7

⑩ 3 + 6 = 9
3 4 5 6 7 8 9

⑪ 1 + 7 = 8
1 2 3 4 5 6 7 8

2일차
38~39쪽

보기

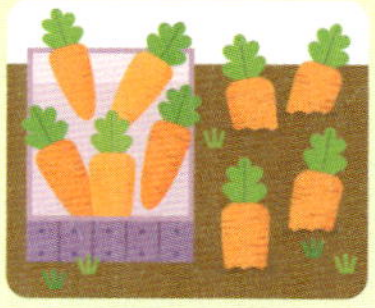

5 + 4 = 9

색칠된 5칸에 색칠한 4칸을 더하면 모두 9칸이므로 5+4=9입니다.

② 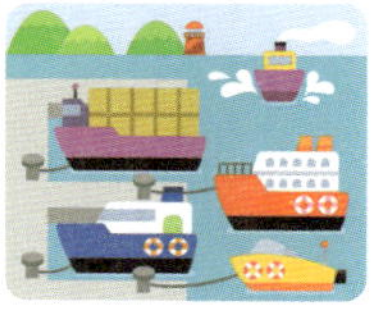

4 + 1 = 5

① 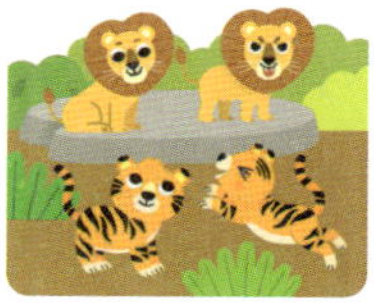

2 + 2 = 4

③ 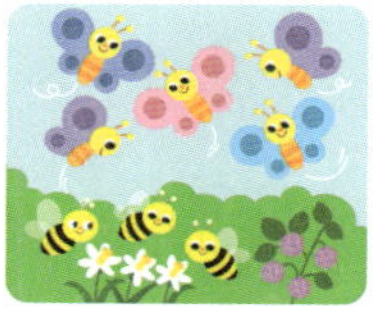

3 + 5 = 8

④ 2 + 6 = 8

⑤ 5 + 1 = 6

⑥ 3 + 3 = 6

⑦ 1 + 6 = 7

⑧ 4 + 5 = 9

⑨ 3 + 1 = 4

⑩ 6 + 2 = 8

⑪ 1 + 8 = 9

⑫ 4 + 3 = 7

⑬ 3 + 2 = 5

3일차 (40~41쪽)

보기: $4 + 2 = 6$

② $3 + 4 = 7$

① $1 + 1 = 2$

③ $2 + 3 = 5$

④ $2 + 1 = 3$ ⑧ $2 + 6 = 8$ ⑫ $1 + 3 = 4$

⑤ $4 + 4 = 8$ ⑨ $5 + 3 = 8$ ⑬ $8 + 1 = 9$

⑥ $7 + 2 = 9$ ⑩ $1 + 4 = 5$ ⑭ $2 + 5 = 7$

⑦ $1 + 5 = 6$ ⑪ $6 + 3 = 9$ ⑮ $1 + 2 = 3$

4일차 (42~43쪽)

보기: 3 2 → 5 ; $3 + 2 = 5$

② 3 1 → 4 ; $3 + 1 = 4$

① 4 4 → 8 ; $4 + 4 = 8$

③ 2 7 → 9 ; $2 + 7 = 9$

④ $2 + 1 = 3$; 2 1 → 3

⑦ $4 + 5 = 9$; 4 5 → 9

⑩ $5 + 3 = 8$; 5 3 → 8

⑤ $3 + 4 = 7$; 3 4 → 7

⑧ $7 + 1 = 8$; 7 1 → 8

⑪ $1 + 4 = 5$; 1 4 → 5

⑥ $4 + 2 = 6$; 4 2 → 6

⑨ $2 + 5 = 7$; 2 5 → 7

⑫ $6 + 3 = 9$; 6 3 → 9

5일차 (44~45쪽)

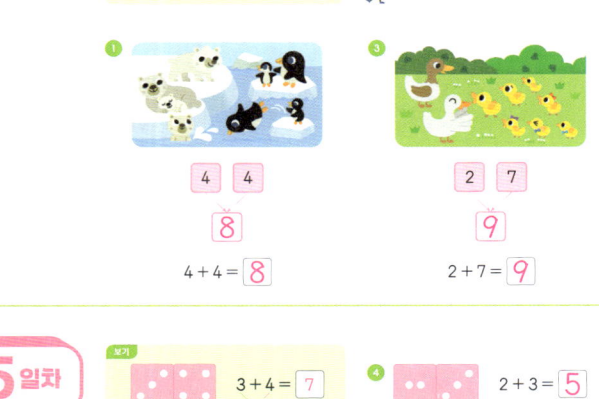

보기: $3 + 4 = 7$ / $4 + 3 = 7$

④ $2 + 3 = 5$ / $3 + 2 = 5$

① $1 + 3 = 4$ / $3 + 1 = 4$

⑤ $3 + 5 = 8$ / $5 + 3 = 8$

② $8 + 1 = 9$ / $1 + 8 = 9$

⑥ $2 + 4 = 6$ / $4 + 2 = 6$

③ $2 + 6 = 8$ / $6 + 2 = 8$

⑦ $7 + 2 = 9$ / $2 + 7 = 9$

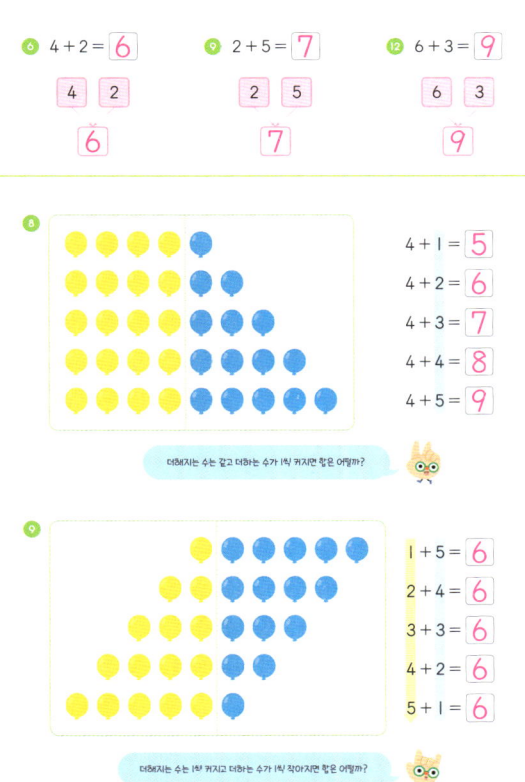

⑧
$4 + 1 = 5$
$4 + 2 = 6$
$4 + 3 = 7$
$4 + 4 = 8$
$4 + 5 = 9$

더해지는 수는 같고 더하는 수가 1씩 커지면 합은 어떻까?

⑨
$1 + 5 = 6$
$2 + 4 = 6$
$3 + 3 = 6$
$4 + 2 = 6$
$5 + 1 = 6$

더해지는 수는 1씩 커지고 더하는 수가 1씩 작아지면 합은 어떻까?

4. 10 모으기와 가르기

1일차
48~49쪽

보기
9 1
10
9와 1을 모으기 하면 10입니다.

① 3 7 10
② 5 5 10
③ 4 6 10

④ 2 8 10
⑤ 6 4 10
⑥ 1 9 10
⑦ 7 3 10

⑧ 8 2 10
⑨ 9 1 10
⑩ 4 6 10
⑪ 7 3 10

⑫ 5 5 10
⑬ 2 8 10
⑭ 3 7 10
⑮ 6 4 10

2일차
50~51쪽

보기
10
4 6
10은 4와 6으로 가르기 할 수 있습니다.

① 10 8 2
② 10 3 7
③ 10 5 5

④ 10 1 9
⑤ 10 7 3
⑥ 10 6 4
⑦ 10 2 8

⑧ 10 2 8
⑨ 10 6 4
⑩ 10 9 1
⑪ 10 3 7

⑫ 10 4 6
⑬ 10 1 9
⑭ 10 8 2
⑮ 10 5 5

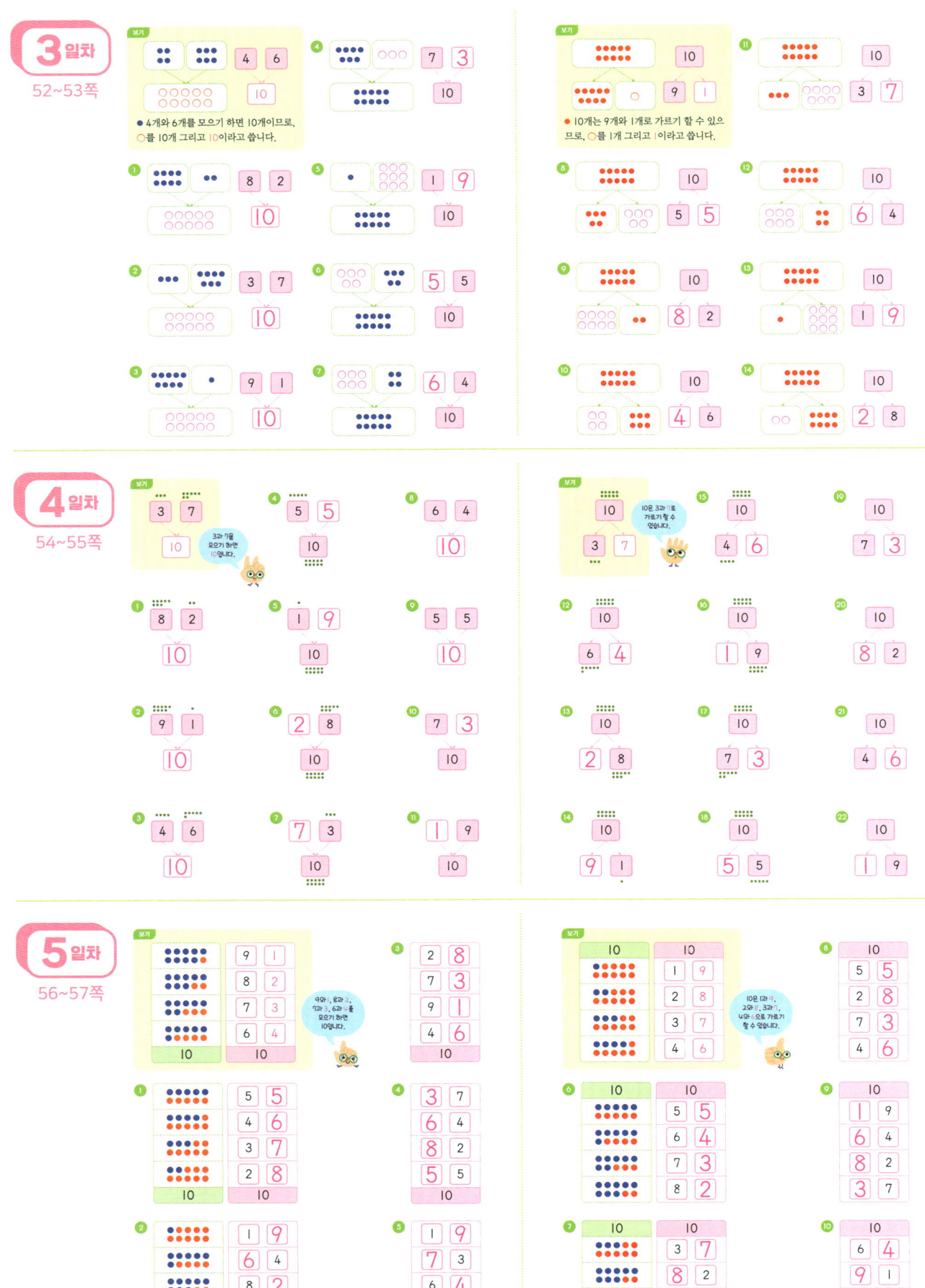

5. 합이 10인 덧셈

1일차
60~61쪽

$8 + 2 = 10$

5에서 2만큼
이어 세면 9, 10이므로
8+2=10입니다.

$5 + 5 = 10$

$4 + 6 = 10$

$3 + 7 = 10$

④ $9 + 1 = 10$

⑧ $6 + 4 = 10$

⑤ $2 + 8 = 10$

⑨ $3 + 7 = 10$

⑥ $5 + 5 = 10$

⑩ $8 + 2 = 10$

⑦ $7 + 3 = 10$

⑪ $1 + 9 = 10$

2일차
62~63쪽

$1 + 9 = 10$

1과 9를 모으기
하면 10이므로
1+9=10입니다.

$6 + 4 = 10$

$7 + 3 = 10$

$2 + 8 = 10$

④ $7 + 3 = 10$
| 7 | 3 |
10

⑦ $8 + 2 = 10$
| 8 | 2 |
10

⑩ $4 + 6 = 10$
| 4 | 6 |
10

⑤ $1 + 9 = 10$
| 1 | 9 |
10

⑧ $5 + 5 = 10$
| 5 | 5 |
10

⑪ $9 + 1 = 10$
| 9 | 1 |
10

⑥ $6 + 4 = 10$
| 6 | 4 |
10

⑨ $3 + 7 = 10$
| 3 | 7 |
10

⑫ $2 + 8 = 10$
| 2 | 8 |
10

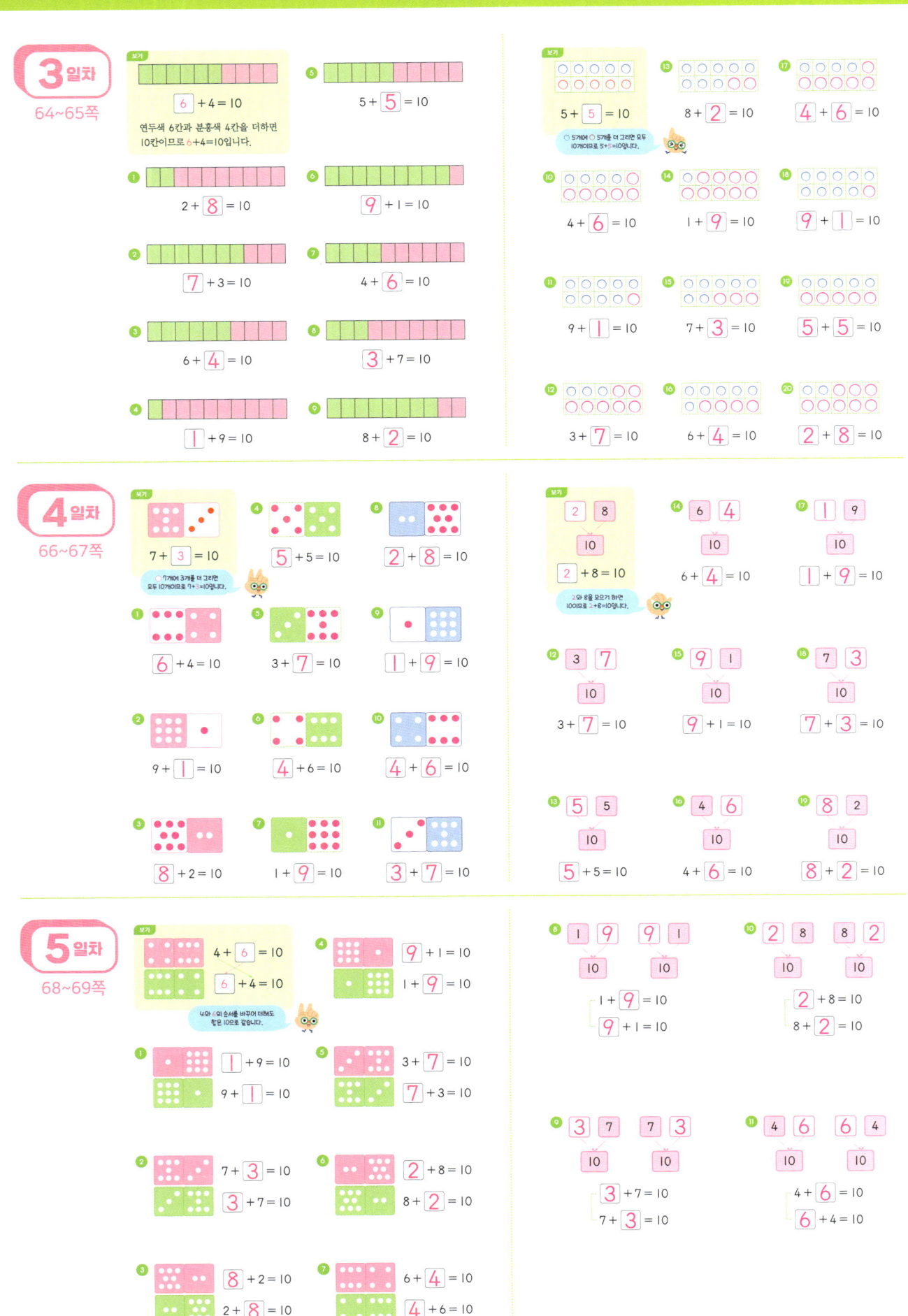

3일차 64~65쪽

보기
$6 + 4 = 10$
연두색 6칸과 분홍색 4칸을 더하면
10칸이므로 6+4=10입니다.

5 $5 + 5 = 10$

① $2 + 8 = 10$

⑥ $9 + 1 = 10$

② $7 + 3 = 10$

⑦ $4 + 6 = 10$

③ $6 + 4 = 10$

⑧ $3 + 7 = 10$

④ $1 + 9 = 10$

⑨ $8 + 2 = 10$

보기
$5 + 5 = 10$
○ 5개에 ○ 5개를 더 그리면 모두
10개이므로 5+5=10입니다.

⑬ $8 + 2 = 10$

⑰ $4 + 6 = 10$

⑩ $4 + 6 = 10$

⑭ $1 + 9 = 10$

⑱ $9 + 1 = 10$

⑪ $9 + 1 = 10$

⑮ $7 + 3 = 10$

⑲ $5 + 5 = 10$

⑫ $3 + 7 = 10$

⑯ $6 + 4 = 10$

⑳ $2 + 8 = 10$

4일차 66~67쪽

보기
$7 + 3 = 10$
7개에서 3개를 더 그리면
모두 10개이므로 7+3=10입니다.

④ $5 + 5 = 10$

⑧ $2 + 8 = 10$

① $6 + 4 = 10$

⑤ $3 + 7 = 10$

⑨ $1 + 9 = 10$

② $9 + 1 = 10$

⑥ $4 + 6 = 10$

⑩ $4 + 6 = 10$

③ $8 + 2 = 10$

⑦ $1 + 9 = 10$

⑪ $3 + 7 = 10$

보기
2 8
10
$2 + 8 = 10$
2와 8을 모으기 하면
10이므로 2+8=10입니다.

⑭ 6 4
10
$6 + 4 = 10$

⑰ 1 9
10
$1 + 9 = 10$

⑫ 3 7
10
$3 + 7 = 10$

⑮ 9 1
10
$9 + 1 = 10$

⑱ 7 3
10
$7 + 3 = 10$

⑬ 5 5
10
$5 + 5 = 10$

⑯ 4 6
10
$4 + 6 = 10$

⑲ 8 2
10
$8 + 2 = 10$

5일차 68~69쪽

보기
$4 + 6 = 10$
$6 + 4 = 10$
4와 6의 순서를 바꾸어 더해도
합은 10으로 같습니다.

④ $9 + 1 = 10$
$1 + 9 = 10$

① $1 + 9 = 10$
$9 + 1 = 10$

⑤ $3 + 7 = 10$
$7 + 3 = 10$

② $7 + 3 = 10$
$3 + 7 = 10$

⑥ $2 + 8 = 10$
$8 + 2 = 10$

③ $8 + 2 = 10$
$2 + 8 = 10$

⑦ $6 + 4 = 10$
$4 + 6 = 10$

⑧ 1 9 9 1
10 10
$1 + 9 = 10$
$9 + 1 = 10$

⑩ 2 8 8 2
10 10
$2 + 8 = 10$
$8 + 2 = 10$

⑨ 3 7 7 3
10 10
$3 + 7 = 10$
$7 + 3 = 10$

⑪ 4 6 6 4
10 10
$4 + 6 = 10$
$6 + 4 = 10$

11

6. 10을 만들어 더해 보기

1일차

72~73쪽

보기

14

$14 = 10 + \boxed{4}$

① 17

$17 = 10 + \boxed{7}$

② 11

$11 = 10 + \boxed{1}$

③ 18

$18 = 10 + \boxed{8}$

④ 13

$13 = 10 + \boxed{3}$

⑤ 15

$15 = 10 + \boxed{5}$

⑥ 19

$19 = 10 + \boxed{9}$

⑦ 12

$12 = 10 + \boxed{2}$

⑧ 16

$16 = 10 + \boxed{6}$

⑨ 14

$14 = \boxed{4} + 10$

⑩ 18

$18 = \boxed{8} + 10$

⑪ 15

$15 = \boxed{5} + 10$

2일차

74~75쪽

보기

$10 + 3 = \boxed{13}$

10에서 3만큼
이어 세면 11, 12, 13이므로
10+3=13입니다.

① $10 + 5 = \boxed{15}$

② $10 + 7 = \boxed{17}$

③ $10 + 8 = \boxed{18}$

④ $10 + 2 = \boxed{12}$

⑤ $10 + 6 = \boxed{16}$

⑥ $10 + 1 = \boxed{11}$

⑦ $10 + 9 = \boxed{19}$

⑧ $10 + 4 = \boxed{14}$

⑨ $10 + 6 = \boxed{16}$

⑩ $10 + 3 = \boxed{13}$

⑪ $10 + 7 = \boxed{17}$

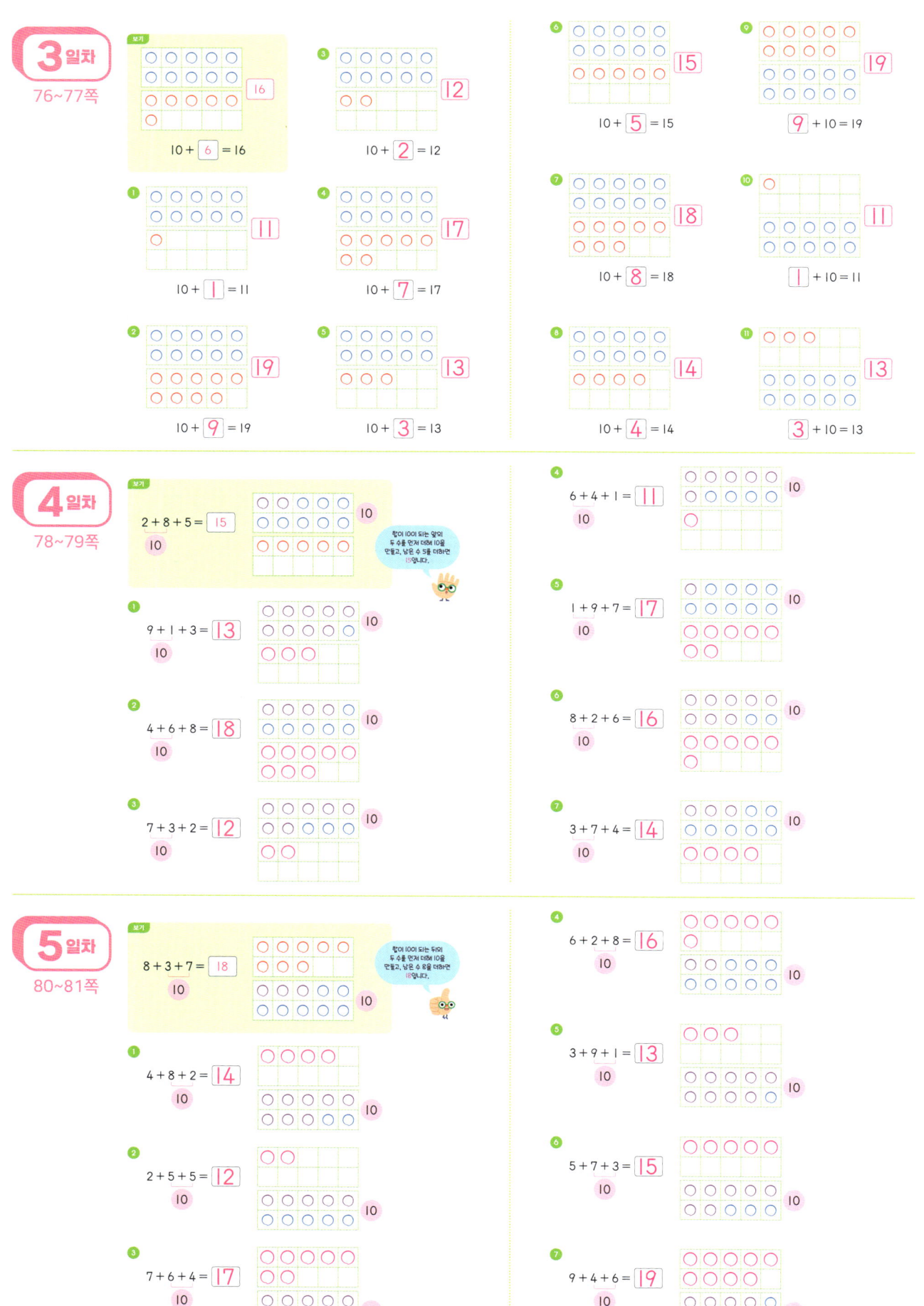

3일차
76~77쪽

보기
$10 + \boxed{6} = 16$

③ $10 + \boxed{2} = 12$

① $10 + \boxed{1} = 11$

④ $10 + \boxed{7} = 17$

② $10 + \boxed{9} = 19$

⑤ $10 + \boxed{3} = 13$

⑥ $10 + \boxed{5} = 15$

⑦ $10 + \boxed{8} = 18$

⑧ $10 + \boxed{4} = 14$

⑨ $\boxed{9} + 10 = 19$

⑩ $\boxed{1} + 10 = 11$

⑪ $\boxed{3} + 10 = 13$

4일차
78~79쪽

보기
$2 + 8 + 5 = \boxed{15}$
10

짝이 10이 되는 앞의
두 수를 먼저 더해 10을
만들고, 남은 수 5를 더하면
15입니다.

① $9 + 1 + 3 = \boxed{13}$
10

② $4 + 6 + 8 = \boxed{18}$
10

③ $7 + 3 + 2 = \boxed{12}$
10

④ $6 + 4 + 1 = \boxed{11}$
10

⑤ $1 + 9 + 7 = \boxed{17}$
10

⑥ $8 + 2 + 6 = \boxed{16}$
10

⑦ $3 + 7 + 4 = \boxed{14}$
10

5일차
80~81쪽

보기
$8 + 3 + 7 = \boxed{18}$
10

짝이 10이 되는 뒤의
두 수를 먼저 더해 10을
만들고, 남은 수 8을 더하면
18입니다.

① $4 + 8 + 2 = \boxed{14}$
10

② $2 + 5 + 5 = \boxed{12}$
10

③ $7 + 6 + 4 = \boxed{17}$
10

④ $6 + 2 + 8 = \boxed{16}$
10

⑤ $3 + 9 + 1 = \boxed{13}$
10

⑥ $5 + 7 + 3 = \boxed{15}$
10

⑦ $9 + 4 + 6 = \boxed{19}$
10

7. 받아올림이 있는 (몇)+(몇) 알아보기

1일차
84~85쪽

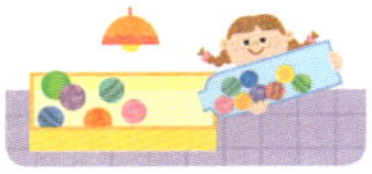

보기

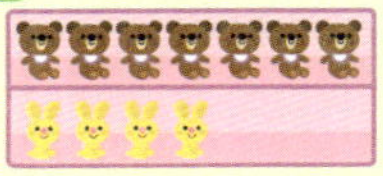

7에서 4만큼 이어 세면 8, 9, 10, 11이므로 7+4=11입니다.

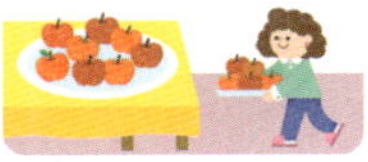

$7 + 4 = 11$

① $5 + 7 = 12$

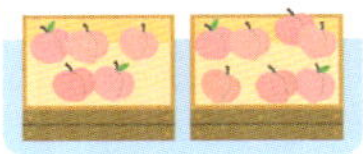

② $6 + 8 = 14$

③ $8 + 5 = 13$

④ $7 + 5 = 12$

⑤ $6 + 7 = 13$

⑥ $8 + 4 = 12$

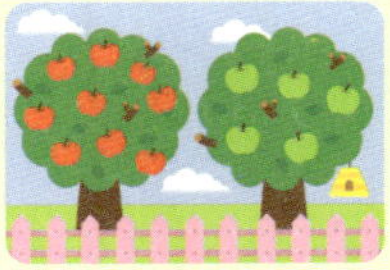

⑦ $3 + 8 = 11$

⑧ $8 + 9 = 17$

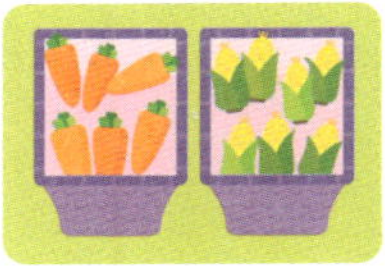

⑨ $9 + 6 = 15$

2일차
86~87쪽

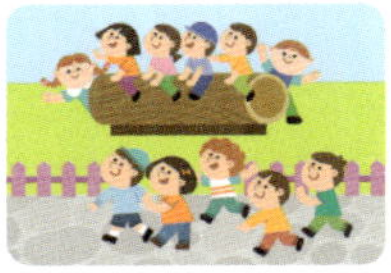

보기

9에서 5만큼 이어 세면 10, 11, 12, 13, 14이므로 9+5=14입니다.

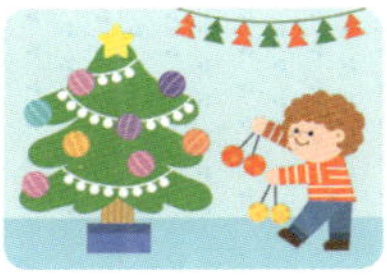

$9 + 5 = 14$

① $6 + 7 = 13$

② $6 + 5 = 11$

③ $8 + 4 = 12$

④ $7 + 4 = 11$

⑤ $8 + 7 = 15$

⑥ $2 + 9 = 11$

⑦ $7 + 5 = 12$

⑧ $4 + 9 = 13$

⑨ $9 + 3 = 12$

⑩ $5 + 6 = 11$

⑪ $8 + 8 = 16$

⑫ $5 + 9 = 14$

⑬ $9 + 8 = 17$

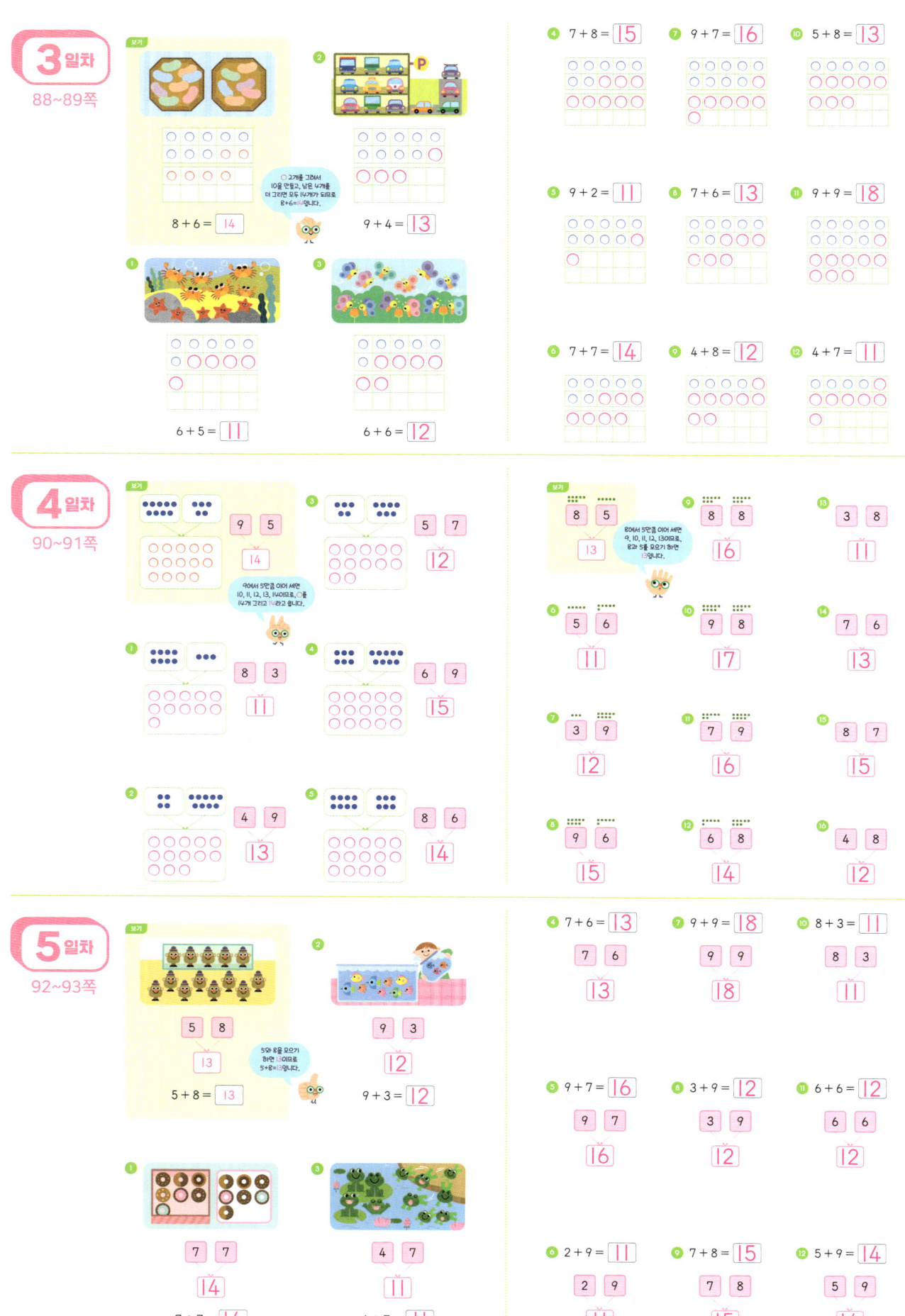

3일차 88~89쪽

보기

$8 + 6 = \boxed{14}$

○ 2개를 그려서 10을 만들고, 남은 4개를 더 그리면 모두 14개가 되므로 8+6=14입니다.

$9 + 4 = \boxed{13}$

$6 + 5 = \boxed{11}$

$6 + 6 = \boxed{12}$

④ $7 + 8 = \boxed{15}$ ⑦ $9 + 7 = \boxed{16}$ ⑩ $5 + 8 = \boxed{13}$

⑤ $9 + 2 = \boxed{11}$ ⑧ $7 + 6 = \boxed{13}$ ⑪ $9 + 9 = \boxed{18}$

⑥ $7 + 7 = \boxed{14}$ ⑨ $4 + 8 = \boxed{12}$ ⑫ $4 + 7 = \boxed{11}$

4일차 90~91쪽

보기

$\boxed{9}\ \boxed{5}$ $\boxed{14}$

9에서 5만큼 이어 세면 10, 11, 12, 13, 14이므로, ○를 14개 그리고 14라고 씁니다.

① $\boxed{8}\ \boxed{3}$ $\boxed{11}$

② $\boxed{4}\ \boxed{9}$ $\boxed{13}$

③ $\boxed{5}\ \boxed{7}$ $\boxed{12}$

④ $\boxed{6}\ \boxed{9}$ $\boxed{15}$

⑤ $\boxed{8}\ \boxed{6}$ $\boxed{14}$

보기

$\boxed{8}\ \boxed{5}$ $\boxed{13}$

8에서 5만큼 이어 세면 9, 10, 11, 12, 13이므로, 8과 5를 모으기 하면 13입니다.

⑥ $\boxed{5}\ \boxed{6}$ $\boxed{11}$

⑦ $\boxed{3}\ \boxed{9}$ $\boxed{12}$

⑧ $\boxed{9}\ \boxed{6}$ $\boxed{15}$

⑨ $\boxed{8}\ \boxed{8}$ $\boxed{16}$

⑩ $\boxed{9}\ \boxed{8}$ $\boxed{17}$

⑪ $\boxed{7}\ \boxed{9}$ $\boxed{16}$

⑫ $\boxed{6}\ \boxed{8}$ $\boxed{14}$

⑬ $\boxed{3}\ \boxed{8}$ $\boxed{11}$

⑭ $\boxed{7}\ \boxed{6}$ $\boxed{13}$

⑮ $\boxed{8}\ \boxed{7}$ $\boxed{15}$

⑯ $\boxed{4}\ \boxed{8}$ $\boxed{12}$

5일차 92~93쪽

보기

$\boxed{5}\ \boxed{8}$ $\boxed{13}$

5와 8을 모으기 하면 13이므로 5+8=13입니다.

$5 + 8 = \boxed{13}$

② $\boxed{9}\ \boxed{3}$ $\boxed{12}$ $9 + 3 = \boxed{12}$

① $\boxed{7}\ \boxed{7}$ $\boxed{14}$ $7 + 7 = \boxed{14}$

③ $\boxed{4}\ \boxed{7}$ $\boxed{11}$ $4 + 7 = \boxed{11}$

④ $7 + 6 = \boxed{13}$ $\boxed{7}\ \boxed{6}$ $\boxed{13}$

⑦ $9 + 9 = \boxed{18}$ $\boxed{9}\ \boxed{9}$ $\boxed{18}$

⑩ $8 + 3 = \boxed{11}$ $\boxed{8}\ \boxed{3}$ $\boxed{11}$

⑤ $9 + 7 = \boxed{16}$ $\boxed{9}\ \boxed{7}$ $\boxed{16}$

⑧ $3 + 9 = \boxed{12}$ $\boxed{3}\ \boxed{9}$ $\boxed{12}$

⑪ $6 + 6 = \boxed{12}$ $\boxed{6}\ \boxed{6}$ $\boxed{12}$

⑥ $2 + 9 = \boxed{11}$ $\boxed{2}\ \boxed{9}$ $\boxed{11}$

⑨ $7 + 8 = \boxed{15}$ $\boxed{7}\ \boxed{8}$ $\boxed{15}$

⑫ $5 + 9 = \boxed{14}$ $\boxed{5}\ \boxed{9}$ $\boxed{14}$

8. 받아올림이 있는 (몇)+(몇)의 계산

1일차

96~97쪽

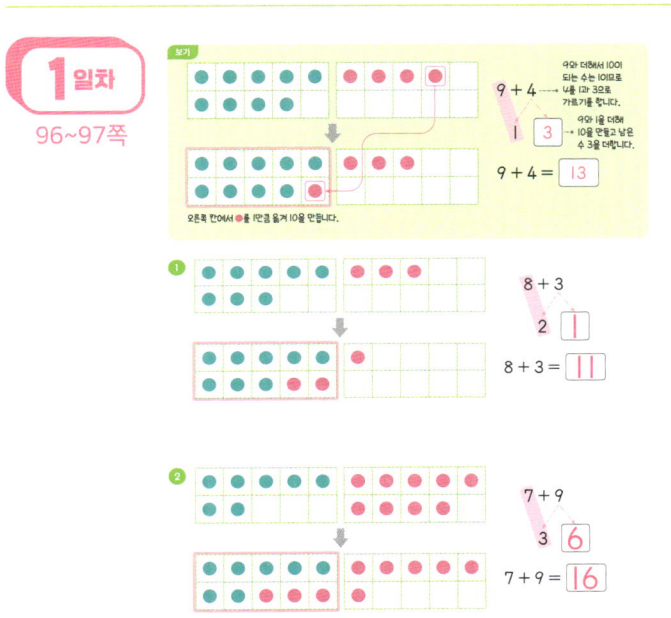

$9 + 4 = \boxed{13}$

$8 + 3 = \boxed{11}$

$7 + 9 = \boxed{16}$

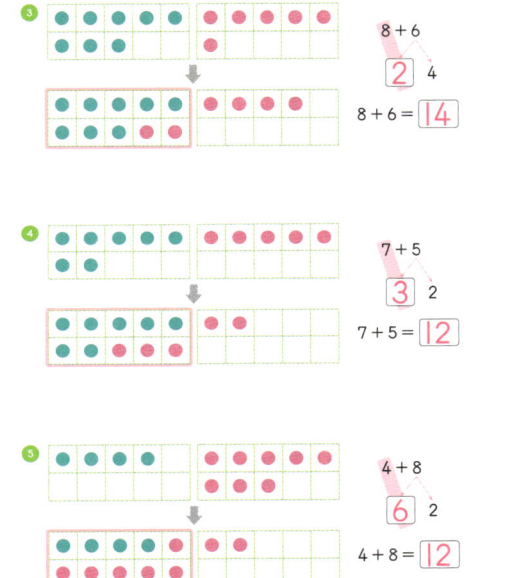

$8 + 6 = \boxed{14}$

$7 + 5 = \boxed{12}$

$4 + 8 = \boxed{12}$

2일차

98~99쪽

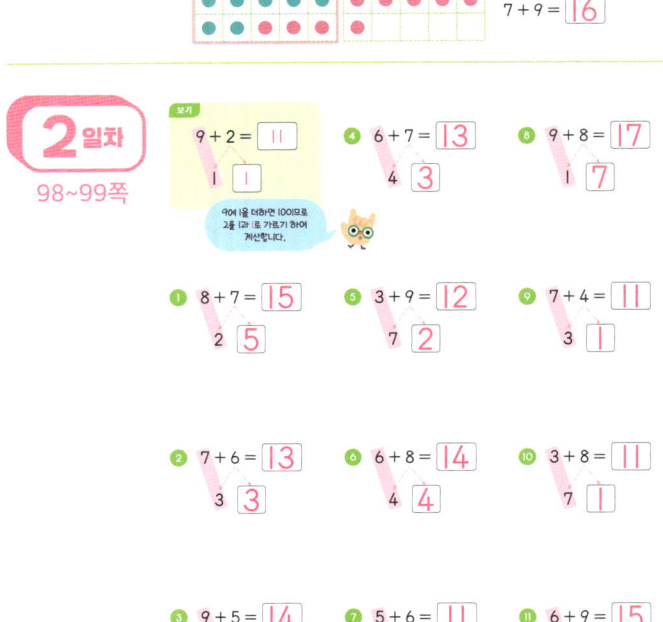

$9 + 2 = \boxed{11}$

④ $6 + 7 = \boxed{13}$

⑧ $9 + 8 = \boxed{17}$

① $8 + 7 = \boxed{15}$

⑤ $3 + 9 = \boxed{12}$

⑨ $7 + 4 = \boxed{11}$

② $7 + 6 = \boxed{13}$

⑥ $6 + 8 = \boxed{14}$

⑩ $3 + 8 = \boxed{11}$

③ $9 + 5 = \boxed{14}$

⑦ $5 + 6 = \boxed{11}$

⑪ $6 + 9 = \boxed{15}$

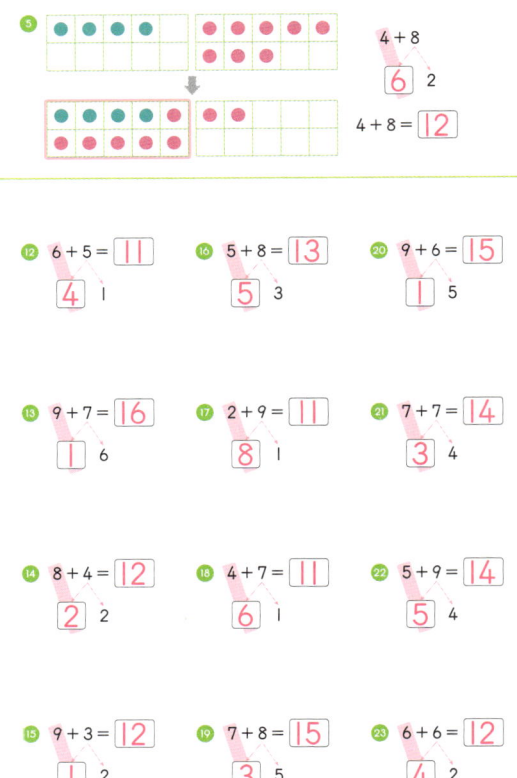

⑫ $6 + 5 = \boxed{11}$

⑯ $5 + 8 = \boxed{13}$

⑳ $9 + 6 = \boxed{15}$

⑬ $9 + 7 = \boxed{16}$

⑰ $2 + 9 = \boxed{11}$

㉑ $7 + 7 = \boxed{14}$

⑭ $8 + 4 = \boxed{12}$

⑱ $4 + 7 = \boxed{11}$

㉒ $5 + 9 = \boxed{14}$

⑮ $9 + 3 = \boxed{12}$

⑲ $7 + 8 = \boxed{15}$

㉓ $6 + 6 = \boxed{12}$

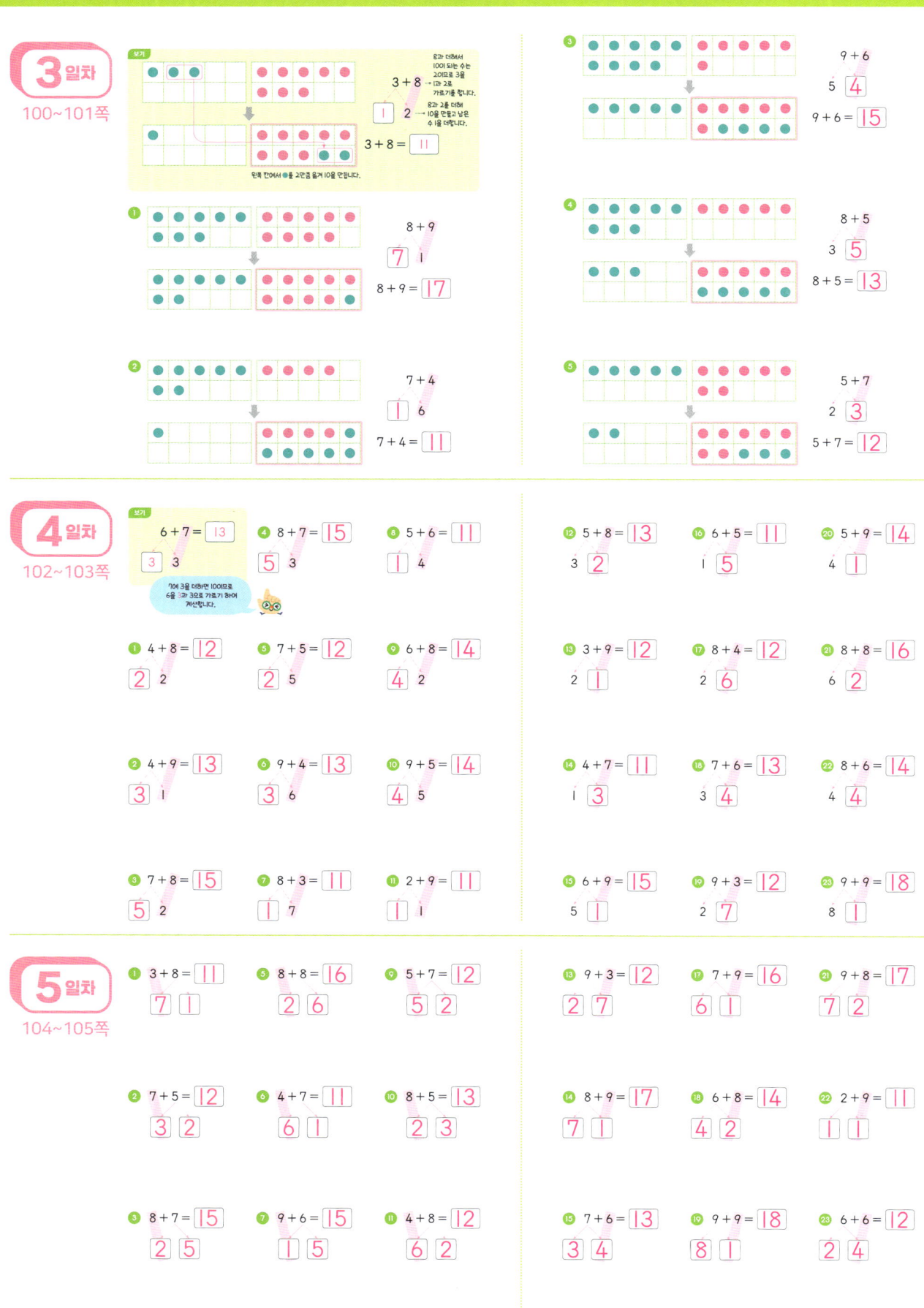

9. 여러 가지 덧셈

1일차

108~109쪽

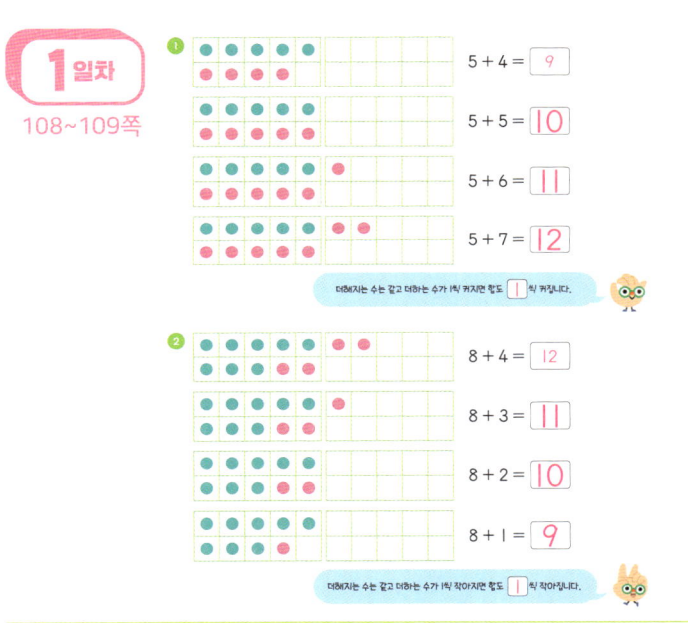

①
$5 + 4 = 9$
$5 + 5 = 10$
$5 + 6 = 11$
$5 + 7 = 12$

더해지는 수는 같고 더하는 수가 1씩 커지면 합도 1씩 커집니다.

②
$8 + 4 = 12$
$8 + 3 = 11$
$8 + 2 = 10$
$8 + 1 = 9$

더해지는 수는 같고 더하는 수가 1씩 작아지면 합도 1씩 작아집니다.

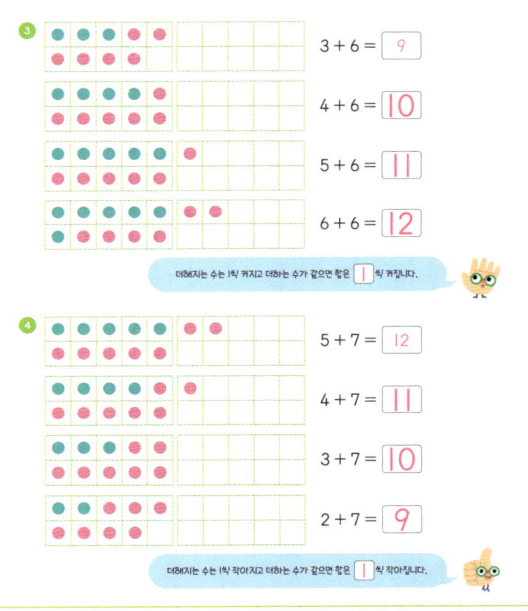

③
$3 + 6 = 9$
$4 + 6 = 10$
$5 + 6 = 11$
$6 + 6 = 12$

더해지는 수는 1씩 커지고 더하는 수가 같으면 합도 1씩 커집니다.

④
$5 + 7 = 12$
$4 + 7 = 11$
$3 + 7 = 10$
$2 + 7 = 9$

더해지는 수는 1씩 작아지고 더하는 수가 같으면 합도 1씩 작아집니다.

2일차

110~111쪽

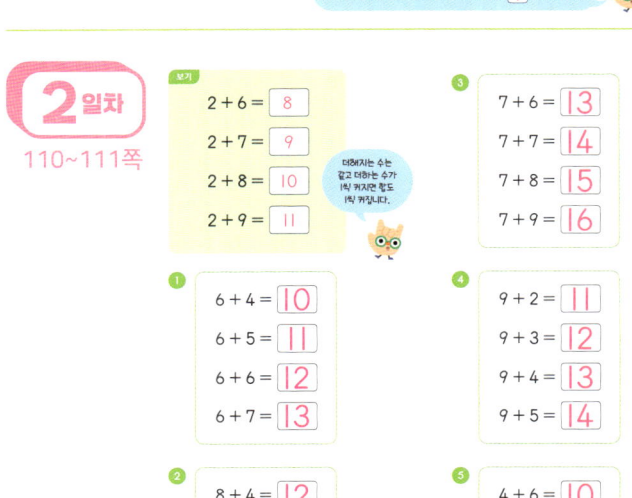

보기
$2 + 6 = 8$
$2 + 7 = 9$
$2 + 8 = 10$
$2 + 9 = 11$

더해지는 수는 같고 더하는 수가 1씩 커지면 합도 1씩 커집니다.

①
$6 + 4 = 10$
$6 + 5 = 11$
$6 + 6 = 12$
$6 + 7 = 13$

②
$8 + 4 = 12$
$8 + 5 = 13$
$8 + 6 = 14$
$8 + 7 = 15$

③
$7 + 6 = 13$
$7 + 7 = 14$
$7 + 8 = 15$
$7 + 9 = 16$

④
$9 + 2 = 11$
$9 + 3 = 12$
$9 + 4 = 13$
$9 + 5 = 14$

⑤
$4 + 6 = 10$
$4 + 7 = 11$
$4 + 8 = 12$
$4 + 9 = 13$

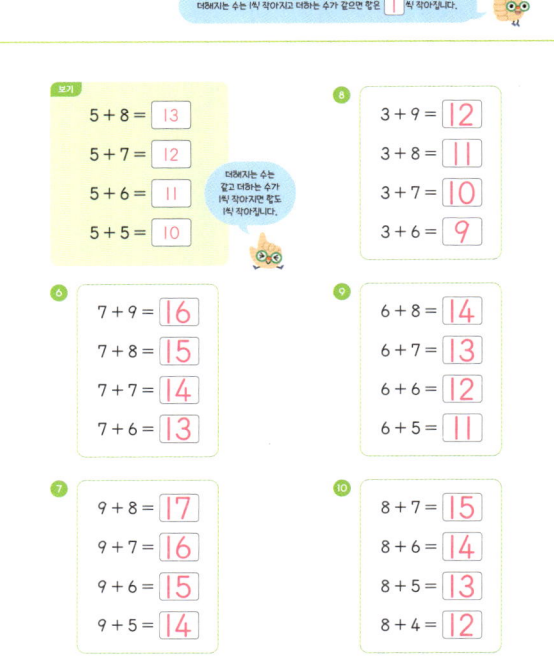

보기
$5 + 8 = 13$
$5 + 7 = 12$
$5 + 6 = 11$
$5 + 5 = 10$

더해지는 수는 같고 더하는 수가 1씩 작아지면 합도 1씩 작아집니다.

⑥
$7 + 9 = 16$
$7 + 8 = 15$
$7 + 7 = 14$
$7 + 6 = 13$

⑦
$9 + 8 = 17$
$9 + 7 = 16$
$9 + 6 = 15$
$9 + 5 = 14$

⑧
$3 + 9 = 12$
$3 + 8 = 11$
$3 + 7 = 10$
$3 + 6 = 9$

⑨
$6 + 8 = 14$
$6 + 7 = 13$
$6 + 6 = 12$
$6 + 5 = 11$

⑩
$8 + 7 = 15$
$8 + 6 = 14$
$8 + 5 = 13$
$8 + 4 = 12$

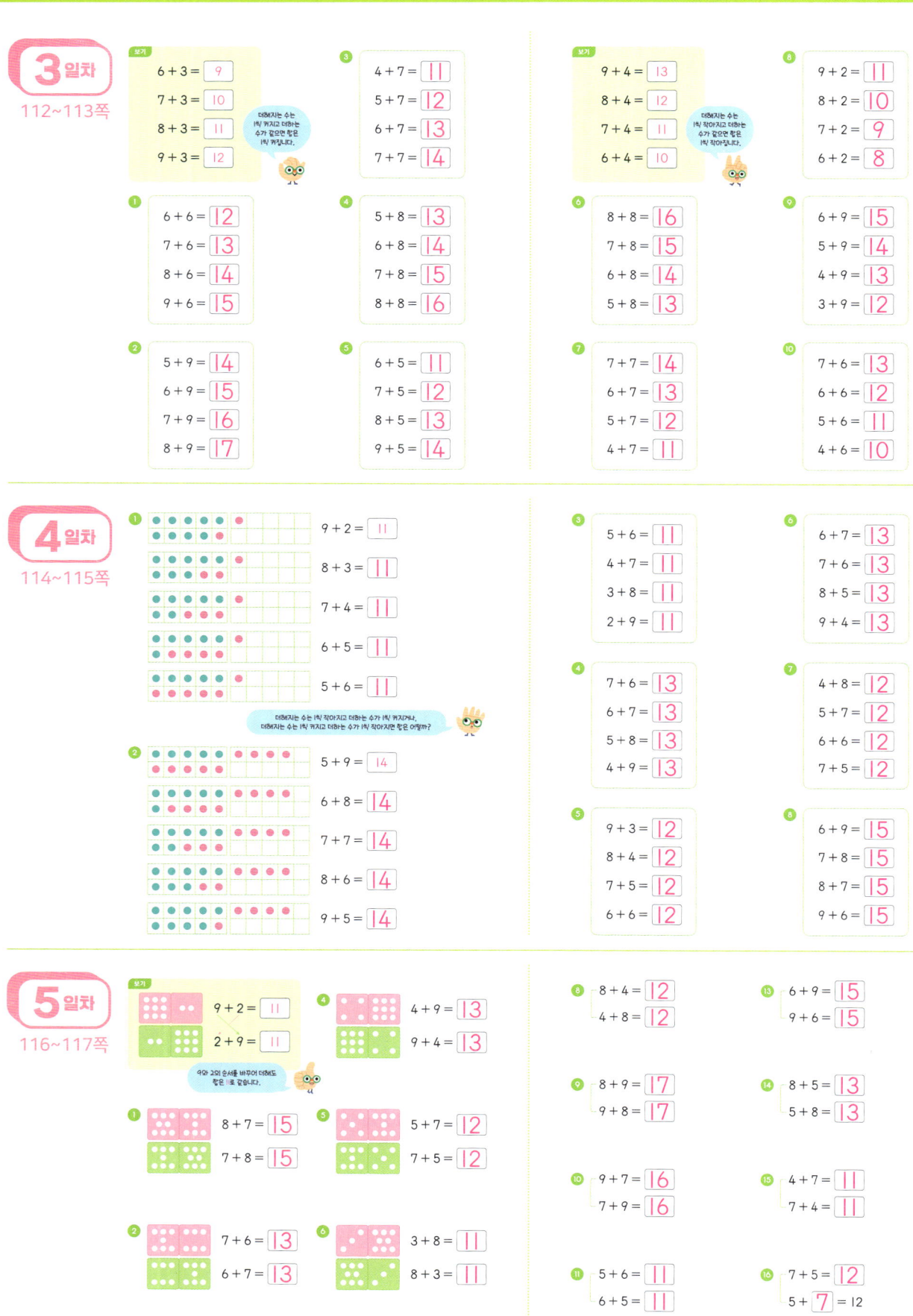

3일차
112~113쪽

보기
6 + 3 = 9
7 + 3 = 10
8 + 3 = 11
9 + 3 = 12

더해지는 수는 1씩 커지고 더하는 수가 같으면 합은 1씩 커집니다.

③
4 + 7 = 11
5 + 7 = 12
6 + 7 = 13
7 + 7 = 14

①
6 + 6 = 12
7 + 6 = 13
8 + 6 = 14
9 + 6 = 15

④
5 + 8 = 13
6 + 8 = 14
7 + 8 = 15
8 + 8 = 16

②
5 + 9 = 14
6 + 9 = 15
7 + 9 = 16
8 + 9 = 17

⑤
6 + 5 = 11
7 + 5 = 12
8 + 5 = 13
9 + 5 = 14

보기
9 + 4 = 13
8 + 4 = 12
7 + 4 = 11
6 + 4 = 10

더해지는 수는 1씩 작아지고 더하는 수가 같으면 합은 1씩 작아집니다.

⑧
9 + 2 = 11
8 + 2 = 10
7 + 2 = 9
6 + 2 = 8

⑥
8 + 8 = 16
7 + 8 = 15
6 + 8 = 14
5 + 8 = 13

⑨
6 + 9 = 15
5 + 9 = 14
4 + 9 = 13
3 + 9 = 12

⑦
7 + 7 = 14
6 + 7 = 13
5 + 7 = 12
4 + 7 = 11

⑩
7 + 6 = 13
6 + 6 = 12
5 + 6 = 11
4 + 6 = 10

4일차
114~115쪽

①
9 + 2 = 11
8 + 3 = 11
7 + 4 = 11
6 + 5 = 11
5 + 6 = 11

더해지는 수는 1씩 작아지고 더하는 수가 1씩 커지거나, 더해지는 수는 1씩 커지고 더하는 수가 1씩 작아지면 합은 어떨까?

②
5 + 9 = 14
6 + 8 = 14
7 + 7 = 14
8 + 6 = 14
9 + 5 = 14

③
5 + 6 = 11
4 + 7 = 11
3 + 8 = 11
2 + 9 = 11

④
7 + 6 = 13
6 + 7 = 13
5 + 8 = 13
4 + 9 = 13

⑤
9 + 3 = 12
8 + 4 = 12
7 + 5 = 12
6 + 6 = 12

⑥
6 + 7 = 13
7 + 6 = 13
8 + 5 = 13
9 + 4 = 13

⑦
4 + 8 = 12
5 + 7 = 12
6 + 6 = 12
7 + 5 = 12

⑧
6 + 9 = 15
7 + 8 = 15
8 + 7 = 15
9 + 6 = 15

5일차
116~117쪽

보기
9 + 2 = 11
2 + 9 = 11

9와 2의 순서를 바꾸어 더해도 합은 11로 같습니다.

④
4 + 9 = 13
9 + 4 = 13

①
8 + 7 = 15
7 + 8 = 15

⑤
5 + 7 = 12
7 + 5 = 12

②
7 + 6 = 13
6 + 7 = 13

⑥
3 + 8 = 11
8 + 3 = 11

③
9 + 3 = 12
3 + 9 = 12

⑦
5 + 9 = 14
9 + 5 = 14

⑧
8 + 4 = 12
4 + 8 = 12

⑨
8 + 9 = 17
9 + 8 = 17

⑩
9 + 7 = 16
7 + 9 = 16

⑪
5 + 6 = 11
6 + 5 = 11

⑫
8 + 6 = 14
6 + 8 = 14

⑬
6 + 9 = 15
9 + 6 = 15

⑭
8 + 5 = 13
5 + 8 = 13

⑮
4 + 7 = 11
7 + 4 = 11

⑯
7 + 5 = 12
5 + 7 = 12

⑰
3 + 8 = 11
8 + 3 = 11

10. 받아올림이 없는 두 자리 수의 덧셈

1일차
120~121쪽

1 이어 세기로 구해 보세요.

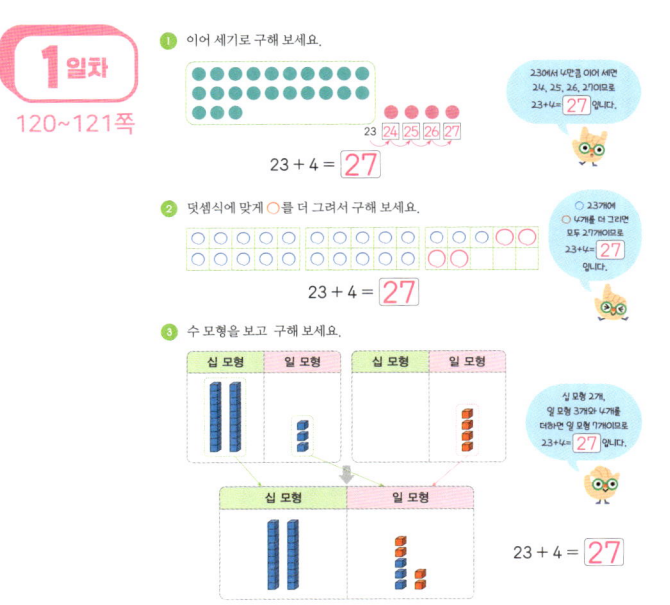

23 + 4 = 27

2 덧셈식에 맞게 ○를 더 그려서 구해 보세요.

23 + 4 = 27

3 수 모형을 보고 구해 보세요.

23 + 4 = 27

보기

	4	5		4	5		4	5
+		3	+		3	+		3
					8		4	8

낱개끼리 줄을 맞추어 세로로 합니다.   5+3=8   그대로 내려 쓰기

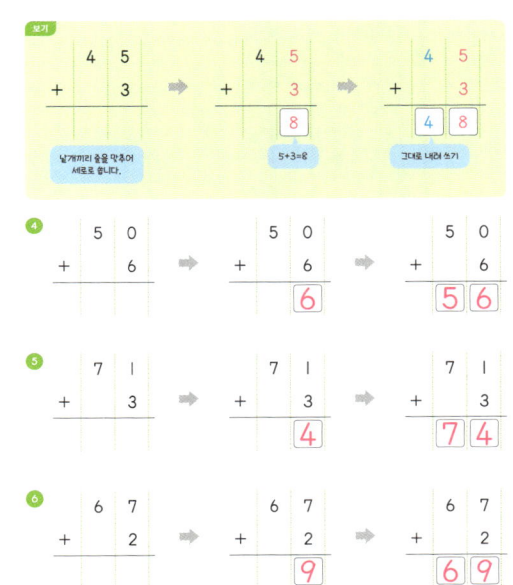

4
50 + 6 = 56

5
71 + 3 = 74

6
67 + 2 = 69

2일차
122~123쪽

1 이어 세기로 구해 보세요.

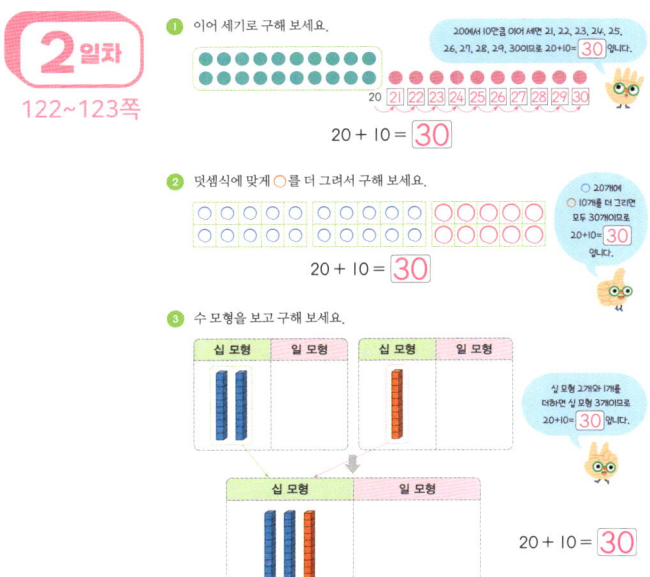

20 + 10 = 30

2 덧셈식에 맞게 ○를 더 그려서 구해 보세요.

20 + 10 = 30

3 수 모형을 보고 구해 보세요.

20 + 10 = 30

보기

	2	0		2	0		2	0
+	3	0	+	3	0	+	3	0
					0		5	0

10개씩 묶음끼리, 낱개끼리 각각 줄을 맞추어 세로로 합니다.   0은 그대로 씁니다.   2+3=5

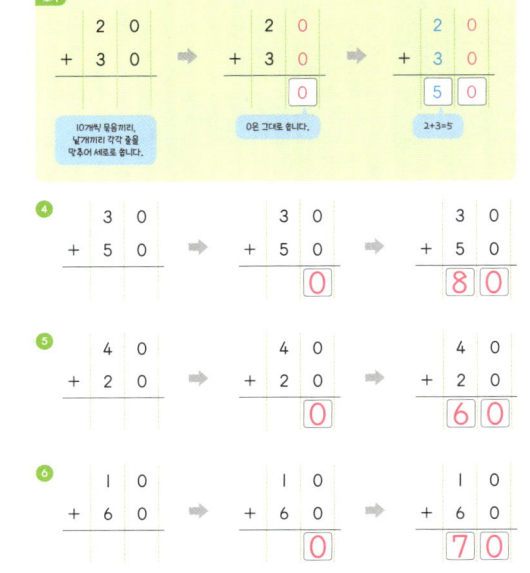

4
30 + 50 = 80

5
40 + 20 = 60

6
10 + 60 = 70

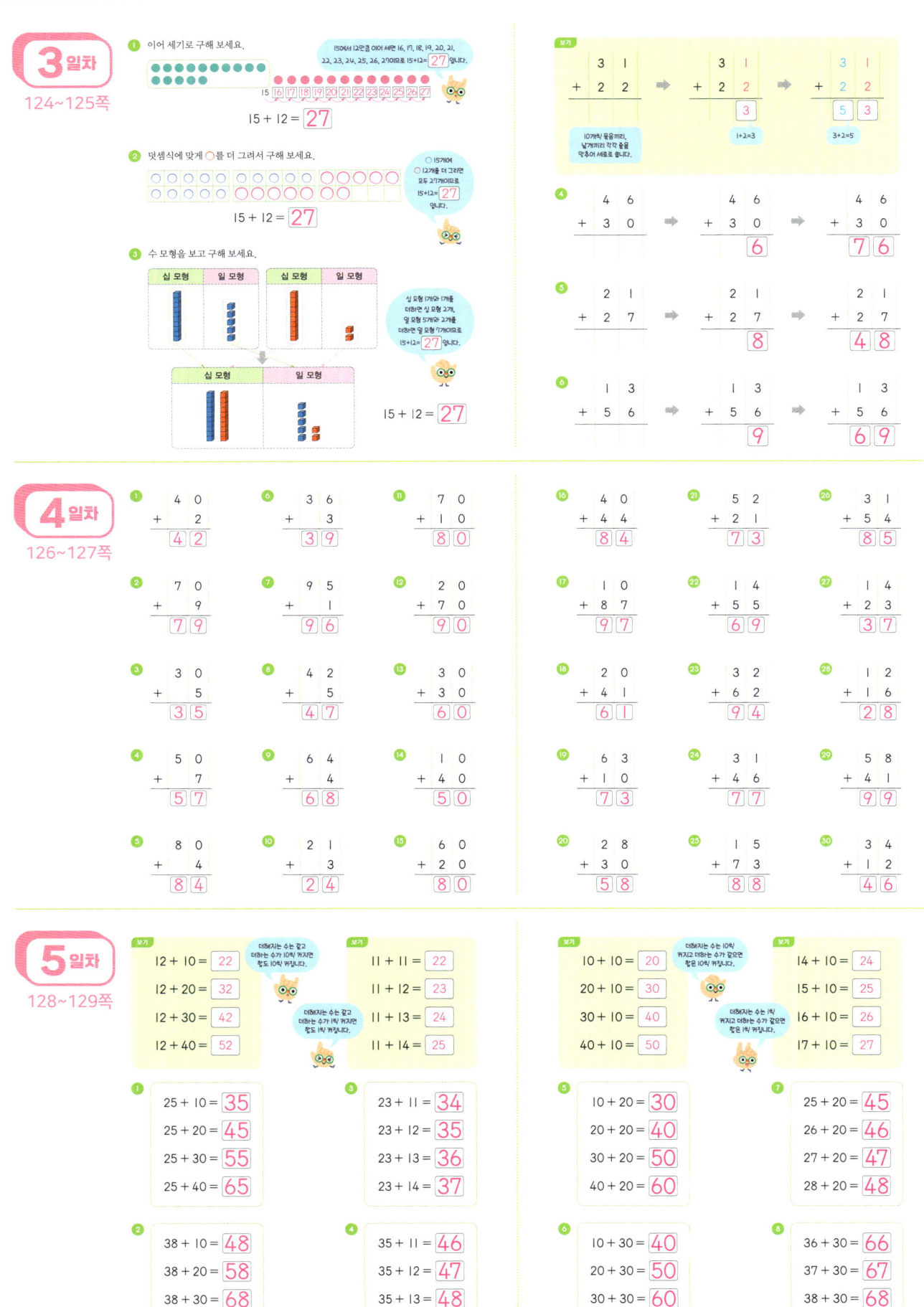

3일차
124~125쪽

① 이어 세기로 구해 보세요.

15에서 12만큼 이어 세면 16, 17, 18, 19, 20, 21, 22, 23, 24, 25, 26, 27이므로 15+12= 27 입니다.

15 + 12 = 27

② 덧셈식에 맞게 ◯를 더 그려서 구해 보세요.

15개에 ◯ 12개를 더 그리면 모두 27개이므로 15+12= 27 입니다.

15 + 12 = 27

③ 수 모형을 보고 구해 보세요.

십 모형	일 모형	십 모형	일 모형

십 모형 1개와 1개를 더하면 십 모형 2개, 일 모형 5개와 2개를 더하면 일 모형 7개이므로 15+12= 27 입니다.

십 모형	일 모형

15 + 12 = 27

보기

	3	1			3	1			3	1
+	2	2	➡	+	2	2	➡	+	2	2
						3			5	3

10개씩 묶음끼리, 낱개끼리 각각 줄을 맞추어 세로로 씁니다.   1+2=3   3+2=5

④
	4	6			4	6			4	6
+	3	0	➡	+	3	0	➡	+	3	0
						6			7	6

⑤
	2	1			2	1			2	1
+	2	7	➡	+	2	7	➡	+	2	7
						8			4	8

⑥
	1	3			1	3			1	3
+	5	6	➡	+	5	6	➡	+	5	6
						9			6	9

4일차
126~127쪽

① 40 + 2 = 42
② 70 + 9 = 79
③ 30 + 5 = 35
④ 50 + 7 = 57
⑤ 80 + 4 = 84

⑥ 36 + 3 = 39
⑦ 95 + 1 = 96
⑧ 42 + 5 = 47
⑨ 64 + 4 = 68
⑩ 21 + 3 = 24

⑪ 70 + 10 = 80
⑫ 20 + 70 = 90
⑬ 30 + 30 = 60
⑭ 10 + 40 = 50
⑮ 60 + 20 = 80

⑯ 40 + 44 = 84
⑰ 10 + 87 = 97
⑱ 20 + 41 = 61
⑲ 63 + 10 = 73
⑳ 28 + 30 = 58

㉑ 52 + 21 = 73
㉒ 14 + 55 = 69
㉓ 32 + 62 = 94
㉔ 31 + 46 = 77
㉕ 15 + 73 = 88

㉖ 31 + 54 = 85
㉗ 14 + 23 = 37
㉘ 12 + 16 = 28
㉙ 58 + 41 = 99
㉚ 34 + 12 = 46

5일차
128~129쪽

보기
12 + 10 = 22
12 + 20 = 32
12 + 30 = 42
12 + 40 = 52

더해지는 수는 같고 더하는 수가 10씩 커지면 합도 10씩 커집니다.

더해지는 수는 같고 더하는 수가 1씩 커지면 합도 1씩 커집니다.

보기
11 + 11 = 22
11 + 12 = 23
11 + 13 = 24
11 + 14 = 25

보기
10 + 10 = 20
20 + 10 = 30
30 + 10 = 40
40 + 10 = 50

더해지는 수는 10씩 커지고 더하는 수가 같으면 합도 10씩 커집니다.

더해지는 수는 1씩 커지고 더하는 수가 같으면 합은 1씩 커집니다.

보기
14 + 10 = 24
15 + 10 = 25
16 + 10 = 26
17 + 10 = 27

①
25 + 10 = 35
25 + 20 = 45
25 + 30 = 55
25 + 40 = 65

②
38 + 10 = 48
38 + 20 = 58
38 + 30 = 68
38 + 40 = 78

③
23 + 11 = 34
23 + 12 = 35
23 + 13 = 36
23 + 14 = 37

④
35 + 11 = 46
35 + 12 = 47
35 + 13 = 48
35 + 14 = 49

⑤
10 + 20 = 30
20 + 20 = 40
30 + 20 = 50
40 + 20 = 60

⑥
10 + 30 = 40
20 + 30 = 50
30 + 30 = 60
40 + 30 = 70

⑦
25 + 20 = 45
26 + 20 = 46
27 + 20 = 47
28 + 20 = 48

⑧
36 + 30 = 66
37 + 30 = 67
38 + 30 = 68
39 + 30 = 69

종료테스트

130~131쪽

1 모으기와 가르기를 해 보세요.

3	5		9
8		6	**3**

2 그림을 보고 덧셈식을 쓰고 읽어 보세요.

덧셈식 3 + 4 = **7**

읽기 **3** 더하기 **4** 는 **7** 과 같습니다.

3 과 **4** 의 합은 **7** 입니다.

3 수 모으기를 하고 덧셈을 해 보세요.

5	2
7	

5 + 2 = **7**

4 모으기와 가르기를 해 보세요.

8	2		10
10		**3**	7

5 10이 되도록 수 모으기를 하고 □안에 알맞은 수를 써넣으세요.

4	6
10	

4 + 6 = 10

[6~7] 주어진 덧셈식에 맞게 ○를 더 그리고 덧셈을 해 보세요.

6 6 + 4 + 3 = **13**

7 7 + 2 + 8 = **17**

8 이어 세기로 덧셈을 해 보세요.

4 + 8 = **12**

132쪽

9 수 모으기를 하고 덧셈을 해 보세요.

7	9
16	

7 + 9 = **16**

[10~11] □안에 알맞은 수를 써넣으세요.

10 7 + 4 = **11**

3 1

11 6 + 9 = **15**

5 **1**

[12~13] □안에 알맞은 수를 써넣으세요.

12 8 + 2 = **10**
8 + 3 = **11**
8 + 4 = **12**
8 + 5 = **13**

13 8 + 6 = **14**
7 + 7 = **14**
6 + 8 = **14**
5 + 9 = **14**

[14~15] 덧셈을 해 보세요.

14
```
  3 2
+   3
─────
  3 5
```

15
```
  6 5
+ 2 4
─────
  8 9
```

 MEMO

AI 시대 수학, 첫 연산의 기초

기초
탄탄

최고 효과
계산법
정답

입학의 완성!
예비 초등

덧셈의 기초

G 기탄출판